T0254195

Energiepolitische Schriftenreihe

Herausgegeben vom Bundesministerium
für Handel, Gewerbe und Industrie in Wien

Band 2

Planungsmethodik
in der Energiewirtschaft

Springer-Verlag Wien GmbH

Redaktionelle Betreuung:
Ministerialoberkommissär Dipl.-Ing. Dr. techn. HEINZ SATZINGER
Bundesministerium für Handel, Gewerbe und Industrie
Sektion VI, Abt. 2
Schwarzenbergplatz 1
A-1010 Wien, Österreich

Mit 16 Abbildungen

© 1976 Springer-Verlag Wien
Originally published by Bundesministerium für Handel, Gewerbe und Industrie in Wien 1976
Softcover reprint of the hardcover 1st edition 1976

Library of Congress Cataloging in Publication Data. Main entry under title: Planungsmethodik in der Energiewirtschaft
(Energiepolitische Schriftenreihe; Bd. 2) Bibliography: p. 1. Power resources. 2. Energy policy. I. Series. TJ 163.2.P58. 333.7. 76-22531.

ISBN 978-3-211-81395-9   ISBN 978-3-7091-5622-3 (eBook)
DOI 10.1007/978-3-7091-5622-3

Geleitwort

Im Sommer 1973 wurde im Bundesministerium für Handel, Gewerbe und Industrie der Kern eines Arbeitskreises gebildet, der sich vorerst mit einer Darstellung der Planungsmethoden, die in den einzelnen Zweigen der Energiewirtschaft verwendet werden, befaßt und dabei mehrere Ziele verfolgt hat. Erstens sollten die in Österreich angewandten Methoden mit den im Ausland verwendeten oder entwickelten verglichen werden; auch fortgeschrittenere Methoden sollten näher beschrieben und es sollte ein fruchtbarer Erfahrungsaustausch zwischen den Planungsfachleuten, die in den einzelnen Zweigen der Energiewirtschaft tätig sind, herbeigeführt werden. Damit sollte schließlich auch eine wichtige Vorarbeit für eine später vorzubereitende Formalisierung der Methoden der staatlichen Energieplanung geleistet werden, die sich weniger durch die formalen Verfahren als durch die Betonung bzw. Berücksichtigung bestimmter Gesichtspunkte, die in der vorwiegend betriebswirtschaftlich orientierten Planung der Unternehmen naturgemäß zurücktreten bzw. gar nicht aufscheinen können, von diesen unterscheiden.

Allen Mitgliedern dieses Arbeitskreises ist der Unterfertigte als Vorsitzender dieses Arbeitskreises zu tiefem Dank verpflichtet. Durch deren selbstlose Mitarbeit konnte der vorliegende Bericht in weniger als zwei Jahren abgeschlossen werden. Das gute Einvernehmen, das sich im Laufe der Zusammenarbeit entwickelt hat, zeigt sich unter anderem auch in dem einstimmigen Beschluß, auf eine namentliche Zeichnung der Beiträge, soweit sie von den Mitgliedern des Arbeitskreises stammen, zu verzichten und die Arbeit als ein Ergebnis des gesamten Arbeitskreises zu präsentieren. In diesem Zusammenhang muß erwähnt werden, daß die Vertreter der ÖMV-AG den Arbeitskreis mit einem linearen Programm für die Optimierung des Raffineriebetriebes bekanntgemacht haben, jedoch hat der Vorstand der ÖMV-AG die Veröffentlichung untersagt und dies auch mit Schreiben vom 13. Januar 1975 an den Unterfertigten ausdrücklich bestätigt. Erfreulicherweise haben sich aber die Herren Univ.-Prof. Dr. Manfred Meyer und Dr. Horst Steinmann (Betriebswirtschaftliches Institut an der Friedrich-Alexander-Universität Erlangen-Nürnberg) bereit gefunden, einen von ihnen bereits im Jahre 1971 in dem Buch „Planungsmodelle für die Grundstoffindustrie" publizierten Beitrag, „Ein mathematisches Planungsmodell des Erdölsektors", mit ausdrücklicher Zustimmung des Verlages für die vorliegende Veröffentlichung zu überarbeiten, wodurch auch die fortschrittlichen Planungsmethoden in der Mineralölwirtschaft in repräsentativer Weise vertreten sind; daß dieser Beitrag gezeichnet ist, versteht sich daher von selbst. Den Autoren und dem Physica-Verlag in Würzburg/Wien sei auch an dieser Stelle für diesen Beitrag und das Entgegenkommen und Verständnis bestens gedankt.

Die Veröffentlichung des bereits Anfang 1975 im wesentlichen abgeschlossenen Manuskriptes hat sich leider sehr verzögert. Da der Inhalt der Publikation seither aber nichts an Aktualität verloren hat, ist zu hoffen, daß die damit verfolgten Zwecke, nämlich eine interessierte Öffentlichkeit hinreichend über die auf betrieblicher Ebene bereits angewendeten bzw. vorbereiteten Planungsinstrumente zu informieren und zur Verbesserung dieser Instrumente anzuregen, in vollem Umfang erreicht werden.

Für die formelle Gestaltung dieser Veröffentlichung war Ministerialoberkommissär Dipl.-Ing. Dr. techn. HEINZ SATZINGER verantwortlich, der diese Aufgabe mit großer Umsicht gelöst hat.

Wien, im Juli 1976

Dipl.-Ing. Dr. techn. WILHELM FRANK
Sektionschef
Leiter der Sektion VI (Energie)
im Bundesministerium für Handel,
Gewerbe und Industrie

Inhaltsverzeichnis

Teilnehmer des Arbeitskreises

Vorsitz:

Sekt.-Chef Dipl.-Ing. Dr. techn. WILHELM FRANK	Bundesministerium für Handel, Gewerbe und Industrie
Mag. Ing. WILFRIED BLASSNIG	Österr. Draukraftwerke AG
Ing. ROBERT EISNECKER	Wiener Stadtwerke, Generaldirektion
Gen.-Dir. Hon.-Prof. Dipl.-Ing. Dr. techn. WILHELM ERBACHER	Österreichische Elektrizitäts-wirtschafts-AG
Ing. THEODOR FUCHS	ÖMV-Aktiengesellschaft
Dir. Dipl.-Ing. Dr. techn. ANTON HOFSTÄTTER	Kärntner Elektrizitäts-AG
Dipl.-Ing. Dr. techn. NORBERT LEHNER	Steirische Wasserkraft- und Elektrizitäts-AG
Sekt.-Rat Dipl.-Ing. Dr. techn. GÜNTER OBERMAIR	Bundesministerium für Handel, Gewerbe und Industrie
Ing. RUDOLF PFAFF	Wiener Stadtwerke, Generaldirektion
Dipl.-Ing. FRIEDRICH POBER	Österreichische Elektrizitätswirtschafts-AG
Dipl.-Ing. Dr. techn. FRITZ PÖRNER	Österr. Draukraftwerke AG
Bergrat h. c. Dipl.-Ing. BORIS PRAPROTNIK	Österreichische Industrieverwaltungs-AG
Dipl.-Ing. WALTER RENNER	Österreichische Elektrizitätswirtschafts-AG
Dir. Doz. Dkfm. Dr. FRIEDRICH ROMIG	ÖMV-Aktiengesellschaft
MOK Dipl.-Ing. Dr. techn. HEINZ SATZINGER	Bundesministerium für Handel, Gewerbe und Industrie

I. ANALYSE DER FACHLITERATUR*

I.1 Einleitung

Mit Recht steht die Energiewirtschaft eines Landes im Brennpunkt des öffentlichen Interesses. Die Gründe hiefür sind zahlreich. Die sichere Versorgung eines Landes mit preisgünstiger Energie ist unerläßliche Voraussetzung für das gute Gedeihen der Volkswirtschaft, von Produktion und Verkehr und damit auch für Wohlstand und Komfort der Bevölkerung. Der in allen Ländern stark zunehmende Bedarf an Energie und der dadurch bedingte fortgesetzte Ausbau der Energiewirtschaft hat auch im Hinblick auf die Bauwirtschaft, Ausrüstungsindustrie und Finanzierung enorme volkswirtschaftliche Bedeutung. Nicht zu übersehen sind auch die Impulse für Wissenschaft und Forschung und die Bedeutung technologischer Fortschritte im Bereich der Energiewirtschaft. Die Beschaffung der erforderlichen Primärenergie und die Probleme der Umweltbeeinflussung, die die Anlagen der Energieversorgung hervorrufen können, bereiten im zunehmenden Maße Schwierigkeiten.

Die Energieversorgung eines Landes erfolgt überwiegend durch große Unternehmen, die in vielen Ländern irgendeiner Form öffentlicher Kontrolle unterstehen. Es wird wegen der großen Tragweite der Versorgungs- und Ausbauprobleme von der Öffentlichkeit erwartet, daß der zukünftige Ausbau aufgrund sorgfältiger Planungen und fundierter Entscheidungen erfolgt, d.h. neuerdings unter Heranziehung komplexer mathematischer Modelle, die nur mit Hilfe von elektronischen Computern aufgelöst werden können.

Der Entwicklungsstand der mathematischen Modelle der Energiewirtschaft ist in den einzelnen Ländern verschieden. Dies hängt zum Teil von der Komplexität der Energiewirtschaft des betreffenden Landes ab und zum Teil von der Aufmerksamkeit, welcher dieser Möglichkeit der Planungs- und Entscheidungshilfe geschenkt wurde.

Auch der Grad der Anerkennung, welche den Modellen und ihren Ergebnissen zugebilligt wird, ist von Land zu Land verschieden. Dieser reicht von offenbar noch fehlender Anerkennung bis zur Anerkennung als eine der Methoden, die auch zur Entscheidungsbildung herangezogen werden.

Obwohl in den letzten Jahren in verschiedenen Ländern beim Bau mathematischer Modelle erfreuliche Fortschritte erzielt wurden, leiden diese im allgemeinen an folgenden Mängeln:

Ungenügende Darstellung der Energiewirtschaft (oder eines Teiles),

Lückenhaftigkeit und Ungenauigkeit von Eingabedaten,

was sich entsprechend auf die Ergebnisse auswirken kann.

Es sind jedoch in vielen Ländern große Anstrengungen feststellbar, die sowohl zur Verbesserung der Modelle als auch der Eingabedaten beitragen sollen. Grundsätzlich werden sich jedoch diese Mängel nie vollständig beheben lassen, da die Energiewirtschaft äußerst komplex ist und die Zukunft und zukünftige Daten immer unsicher sein werden.

---

*) Für die Ausarbeitung dieses Berichtes wurde neben umfangreicher Fachliteratur auch der Sekretariatsbericht der ECE vom 15. 3. 1974, Energy/Sem. 1/1 mit dem Titel: "Report on the Work of the Symposium on Mathematical Models of Sectors of the Energy Economy" Alma Ata (USSR) 17. – 22. September 1973, benützt.

Dies schließt nicht aus, daß durch geeignete Prinzipien die Nachteile der Unsicherheit gemildert werden können. Es sind dies stochastische Betrachtungsweisen und kybernetische Vorgangsweisen.

Für die einheitliche Beschreibung der Energiewirtschaft bzw. Brennstoffwirtschaft (Kohle, Öl, Gas), Wasserwirtschaft, Kernenergie und Elektrizitätswirtschaft, d.h. ihrer Sektoren, erweist sich die noch in Entwicklung begriffene Systemtheorie von großer Bedeutung. Sie liefert die Begriffe, die für die formale Beschreibung der Energiewirtschaft und ihrer Sektoren erforderlich sind und ist somit Hilfsmittel für die mathematische Modellbildung.

Aufgrund einer Analyse der vorwiegend ausländischen Fachliteratur sollen die Möglichkeiten aufgezeigt werden, welche für die Modelle realer Systeme, wie der Energiewirtschaft, bestehen und welche Wege zu einem Modell führen. Nicht übersehen sollen die Warntafeln werden, die bei der Anwendung der Modelle zu beachten sind.

I.2 Die Energiewirtschaft einzelner Länder

Die derzeitige und zukünftige Situation der Energiewirtschaft in einzelnen Ländern erscheint sehr unterschiedlich.

Ausdehnung des Landes, Einwohnerzahl und Verteilung der Bevölkerung, Industrialisierungsgrad, Ausbildungsstand sind nur einige Faktoren der territorialen und sozioökonomischen Struktur eines Landes, die die Energiewirtschaft eines Landes beeinflussen können.

Die Vorkommen von Uranerzen, Stein- und Braunkohle, Erdöl, Erdgas und Wasserkraft können die wirtschaftliche und besonders die energiewirtschaftliche Situation eines Landes stark beeinflussen.

Kaum ein Land ist energiewirtschaftlich vollkommen autark. Es sind daher Abhängigkeiten von anderen Ländern gegeben, die besonders stark bei Erdöl und Erdgas hervortreten. Verbrauch und Aufbringung an Energie sind also von solchen Faktoren beeinflußt.

Während Kohle, Öl, Gas nach entsprechender Aufbereitung (Primärenergie) direkt zum Verbraucher transportiert und dort energiewirtschaftlich genutzt werden oder Input für nichtenergetische Produktionsprozesse sind (Petrochemie), werden Wasserkraft und neuerdings Kernenergie im großen Stil nur elektrizitätswirtschaftlich genutzt (Sekundärenergie).

Die Elektrizität ist eine am Ort ihres Verbrauchs besonders umweltfreundliche Energieform. Ihre besondere Eigentümlichkeit ist die energiewirtschaftlich nicht gegebene Speichermöglichkeit. Verbrauch und Erzeugung müssen in jedem Augenblick im Gleichgewicht sein (oder es treten Frequenzänderungen auf oder es sind Austauschleistungen mit Nachbarnetzen erforderlich). Gespeichert kann fallweise nur die Primärenergie (Brennstofflager, Stauseen) oder die Tertiärenergie (Speicherheizung, Akkumulatoren) werden. Eine besondere Form der Speicherung ist die Pumpspeicherung, die allerdings mit großen Energieverlusten behaftet ist.

Betrachtet man die Energiewirtschaft der europäischen Länder von Island bis Griechenland und Türkei, von Portugal bis Finnland, der USSR und einiger nichteuropäischer Länder wie z.B. USA, Kanada, Japan, dann ergibt sich eine große Vielfalt energiewirtschaftlicher Möglichkeiten.

Es sind einige charakteristische Merkmale festzustellen. Betrachtete man zum Beispiel die Elektrizitätswirtschaft dieser Länder, so ergeben sich als charakteristische Merkmale die Struktur der Primärenergie, die für die Elektrizitätserzeugung angewendet wird (relative Anteile, der sogenannte „Mix"), das überregionale Transportnetz und die internationalen Kopplungen. Nur oder fast nur Wärmestromerzeugung, nur oder fast nur Wasserstromerzeugung und schließlich gemischte Systeme verschiedenen relativen Anteils der Wasser- bzw. Wärmestromerzeugung an der Gesamterzeugung sind feststellbar.

Die Netze mit großem Anteil der Wasserstromerzeugung unterliegen der saisonalen Schwankung und der großen Unsicherheit der Wasserführung, die durch große Speicher oder durch Wärme-Ergänzungserzeugung weitgehend ausgeglichen werden können.

Die Schwankungsbeträge der Wasserstromerzeugung können die Bedarfsfehlschätzungen weit übertreffen.

Praktisch in allen Systemen ist eine Tendenz zur Verstärkung des Wärmestromerzeugungsanteils oder zur Einführung von Wärmestromerzeugung (mit Ausnahme von Norwegen) festzustellen, da die noch nicht genutzten Wasserkräfte immer weniger werden. Dabei spielt die Kernenergie eine wichtige Rolle.

Bei großen Ländern sind im allgemeinen starke regionale Unterschiede vorhanden, was sich in einer regionalen Unterteilung der Netze niederschlägt. Es sind die Transportkapazitäten zwischen den Regionen zu beachten.

Bei einigen Ländern sind relativ starke Auslandskopplungen festzustellen. Andere Länder hingegen sind als isoliert zu betrachten. Der Grad des elektrischen Energieaustausches mit dem Ausland ist i.a. gering (im Gegensatz zu den fossilen Energieträgern).

In organisatorischer Hinsicht ist zu beachten, daß die Energiewirtschaft vorwiegend von großen Unternehmen getragen wird, welche vielfach einer Form öffentlicher Kontrolle unterliegen. Sie bilden jedoch meist autonome Entscheidungseinheiten.

Die Unterteilung der Energiewirtschaft in Sektoren (Kohle, Öl, Gas, Wasserkraft, Kernenergie, Elektrizität) ist technologisch und durch Unternehmensinteressen bedingt.

Die Eigenständigkeit der Sektoren ist ziemlich groß. Die Verknüpfung mit anderen Sektoren kann relativ schwach sein. Dies ist überwiegend durch die Technologie bedingt. Trotz der technologischen Unterschiede kann in formaler Hinsicht Isomorphie zwischen den Sektoren bestehen. (Anwendungsmöglichkeit gleicher Operations-Research-Methoden).

Die Rechtfertigung einer gemeinsamen Energiewirtschaft ist dann gegeben, wenn stärkere Abhängigkeiten zwischen den einzelnen Sektoren auftreten oder Substitution von Energieträgern in stärkerem Ausmaß stattfindet. (Kohle statt Öl, Elektrizität statt Öl usw.). D.h., es ist eine Koordinierung zwischen den Sektoren herbeizuführen, um dem Gesamtoptimum näherzukommen, das prinzipiell günstiger ist als das Ergebnis aus den Sektorenoptima. Außerdem kann den Sektoren bei beschränktem Finanzkapital in optimaler Weise solches zugeführt werden. Hiefür ist eine Bewertung der Energiearten erforderlich (z.B. Wärme nicht aus Elektrizität), der allerdings Willkür anhaften kann.

Bei großen Ländern ist auch eine regionale Unterteilung der Energiewirtschaft zweckmäßig.

Schließlich spielt der Faktor Zeit eine große Rolle in der Energiewirtschaft. Dieser tritt in verschiedener Hinsicht auf: Bei der Betrachtung der Entwicklung in der Vergangenheit und bei der Abschätzung der Entwicklung in der Zukunft. Je nach der gestellten Aufgabe sind kleinere oder größere Zeiträume zu beachten.

So ist bei der Planung eines Wasserkraftwerks mit einer erwarteten Lebensdauer von 50 Jahren zu rechnen.

Auch der Zeitschritt (Jahr, Saison, Monat, Woche, Tag, Stunde), der für die Beschreibung der Entwicklung gewählt wird, hängt ursächlich von der Aufgabe ab.

Die Zielsetzungen der Energiewirtschaft und die daraus resultierenden Aufgabenstellungen sind oft unterschiedlich:

Sicherstellung der Versorgung
Minimale Ausgaben
Günstige Tarife
Maximaler Ertrag
Schonung der Umwelt
Beste Nutzung der Energiequellen
Autarkie
Schonung der eigenen Lagerstätten
Geringste volkswirtschaftliche Verluste bei Ausfällen, d.h. Bereitstellung genügender
 Reserven
Ausbau der Lager, um Ausfälle oder saisonale Schwankungen des Bedarfs zu decken
Optimale Struktur der Energiewirtschaft
Günstige Relation zwischen Eigenkapital- und Fremdkapitalanteil
Einsparung von Devisen für den Ankauf ausländischer Energieträger
Zweckmäßiger Einsatz vorhandener Baukapazitäten.

Bei wachsendem Bedarf können die vorhandenen Anlagen der Energiewirtschaft diesen nicht mehr in vollem Umfang decken. Es müssen neue Werke und neue Transportwege gebaut werden oder gar neue Energiequellen erschlossen werden, oder es wird aus Nachbarnetzen Energie bezogen.

Es zeigen sich also Engpässe, die nur durch die Bereitstellung neuer Ressourcen beseitigt werden können. Die drohenden Engpässe geben das Signal für den Ausbau. Dies ist der Augenblick, in welchem die Planung einzusetzen hat. Sie wird in diesem Bericht im wesentlichen auf die Investitionsplanung beschränkt.

I.3 Planung und Entscheidung in der Energiewirtschaft

In diesem Abschnitt sind die Ausführungen auf die *Elektrizitätswirtschaft* bezogen. Das Grundsätzliche gilt jedoch für jeden Sektor. In elektrizitätswirtschaftlichen Systemen müssen neue Kraftwerke gebaut werden. Es stehen im allgemeinen verschiedene Kraftwerksarten zur Verfügung, um einen bestimmten Bedarf zu decken. Diese lassen sich in verschiedener Hinsicht bezüglich ihres technisch-wirtschaftlichen Einsatzes charakterisieren:

Konstanter oder variabler Einsatz, Einsatzkosten (Brennstoffkosten),
Verhalten bei schnellen Laständerungen (Modulationsfähigkeit),
Speicherung der Primärenergie (hydraulische Speicher, Brennstofflager; Anforderungen
 an die Größe der Lagerkapazitäten).

Bei den Wasserkraftwerken werden folgende Arten unterschieden:
Laufwasserkraftwerke
Laufwasserkraftwerke mit Schwellbetriebsmöglichkeit
Tagesspeicherkraftwerke (mit der Möglichkeit des Laufwerkbetriebes)
Wochenspeicherkraftwerke
Jahresspeicherkraftwerke
Pumpspeicherkraftwerke.

Mit Ausnahme der Laufwerke ist die Erzeugung der Wasserkraftwerke modulationsfähig (eingeschränkt bei Schwellbetrieb).

Bei den Wärmekraftwerken werden solche mit Kohle, Öl oder/und Gas als Brennstoff unterschieden. Die Wärmekraftwerke sind nicht oder nur beschränkt modulationsfähig.

Nur Gasturbinenkraftwerke sind sehr gut modulationsfähig.

Kernkraftwerke arbeiten i.a. mit konstantem Einsatz (Laufwerkbetrieb).

Man erkennt die vielfältigen Möglichkeiten, einen bestimmten Bedarf zu decken. Dies bezieht sich auf den Betrieb der Kraftwerke, d.h. ihren möglichen Einsatz sowie auf die Möglichkeit, eine bestimmte Kraftwerksart auszuwählen.

Auch die Größe der Kraftwerke und die Zeitpunkte der Inbetriebsetzung können zumindest in gewissen Grenzen frei gewählt werden.

Daher ergeben sich für den Ausbau Entscheidungen zwischen i.a. sehr vielen Varianten, d.h., es gibt viele Freiheitsgrade. In der Praxis erweisen sich jedoch die vielen Freiheitsgrade nicht immer als gegeben oder von untergeordneter Bedeutung. Zum Teil ergibt sich der Ausbau eines bestimmten Kraftwerks zwangsläufig. Beim Betrieb können bestimmte Einsatzweisen vorgeschrieben werden.

Entsprechendes kann auch für die anderen Sektoren Gültigkeit haben.

Es ergeben sich aber i.a. immer noch viele Alternativen für den Ausbau. Es ist Aufgabe für den Planer, diese Alternativen aufzuzeigen, die wirtschaftlich interessanten auszuwählen, den zukünftigen Betrieb unter allen vernünftig denkbaren Bedingungen zu simulieren und schließlich die besten in Frage kommenden Varianten mit einfach verständlichen Begründungen dem Entscheidenden des Unternehmens zur Entscheidung vorzulegen.

D.h. der Planer untersucht die vorweggenommenen Entscheidungen und prüft sie auf ihre Nützlichkeit bevor eine endgültig wird. Auch bei einfachen Planungsmethoden ergeben sich bei mehreren Varianten große Mengen an Rechenoperationen, die nur durch die Anwendung von elektronischen Computern mit vernünftiger Rechenzeit bewältigbar sind.

Eine Schwierigkeit für den Planer bildet also die Kombinatorik der Möglichkeiten und damit die Vielzahl der Alternativen (Varianten). Die zweite Schwierigkeit besteht in der Unsicherheit der Daten, welche sich auf die Zukunft beziehen und wesentlich für die Planung und Entscheidung sind.

Es sind dies der Bedarf, die Größe zukünftiger Kraftwerke und ihre Verfügbarkeit, Wasserführung, Verfügbarkeit von Primärenergie, geologische Reserven (Kohle, Öl, Gas), technologische Entwicklungen (die den Wert von Investitionen langer Lebensdauer herabsetzen können), Baukosten, Personalkosten, Brennstoffkosten u.a. Da die Anlagen der Energiewirtschaft eine lange Lebenserwartung haben (Wasserkraftwerke z.B. haben 50 Jahre Lebenserwartung), werden, je ferner der Planungshorizont, die Daten immer unsicherer und die Ergebnisse der Planung fragwürdig. Es besteht also das Problem der Entscheidung bei Unsicherheit bzw. Optimierung bei Unsicherheit. Es ist bestenfalls möglich, einen Bereich optimaler Entscheidungen abzustecken und nicht eine optimale Entscheidung schlechthin. Trotz dieser Schwierigkeiten ergeben sich Erleichterungen für den Planer.

Es müssen heute nur jene Projekte entschieden werden, deren Planungs- und Bauzeit (z.B. 7 Jahre) dazu zwingt, damit nicht eine Unterdeckung zum entsprechenden Zeitpunkt auftritt. Die Planungen können alle 1 bis 2 Jahre wiederholt werden. In diesem Sinne ist die Planung als eine Art Regelaufgabe zu verstehen. Man versucht, die Unsicherheit durch eine Art kybernetischen Zugriff zu kompensieren. Ferner werden alle in der Zukunft anfallenden

Ausgaben auf den heutigen Zeitpunkt abgezinst. Dadurch werden die Unsicherheiten bei den zukünftigen Kostenfaktoren stark gemildert. Durch Einplanung gewisser Reserven können ebenfalls die Auswirkungen der Unsicherheit herabgesetzt werden. Beim Bedarf ist u.U. eine Herabsetzung der Unsicherheit durch kontrollierende Maßnahmen möglich (Tarifpolitik, Werbung, zeitlich und leistungsmäßig begrenzte Abschaltungen u.a.). In manchen Fällen, etwa bei der Wasserführung können auch stochastische Methoden helfen, um die Unsicherheit abzuschätzen. In anderen Fällen ist die Anwendung stochastischer Methoden fragwürdig, da es sich um nicht wiederholbare Verhältnisse handelt und bestenfalls zweifelhafte, subjektive Wahrscheinlichkeiten geschätzt werden. Das Risiko der Überinvestierung ist im allgemeinen gering (derzeit höchstens beim Kohlesektor), da der Bedarf noch langfristig wachsen wird, so daß größere Überschüsse höchstens kurzfristig auftreten werden.

Allgemein handelt es sich bei der Planung um die Möglichkeiten der Entwicklung der außerhalb der Beeinflussung durch die Energiewirtschaft liegenden Faktoren (Scenario) und die Simulation von Entscheidungen (deren Vielfältigkeit durch Optimierungen eingeschränkt werden kann) als Vorbereitung für die eigentliche Entscheidung.

Der Entscheidende kann beim Ausbau gewissen Strategien folgen. Beispielsweise kann er langfristig überinvestieren, damit der Bedarf immer mit großer Sicherheit gedeckt werden kann (große Reserve) oder es wird eher unterinvestiert, wenn man erwartet, daß die eventuell in Zukunft fehlenden Energiemengen von Nachbarn oder auf dem internationalen Energiemarkt beschafft werden können. D.h., es ist dann der Beobachtung des internationalen Energiemarkts große Aufmerksamkeit zu schenken. Andere Strategien wären die Verwendung grosser Einheiten oder möglichst gleicher Einheiten u.a. mehr.

Aus diesen Ausführungen ergibt sich, daß für eine detaillierte Planung eine große Anzahl von Varianten zu untersuchen ist und hiefür rechnerische Hilfsmittel in großem Umfang erforderlich sind. Dies betrifft sowohl die Methode, den Algorithmus als auch das Werkzeug für die Durchführung. Das Ziel wäre die Entwicklung einer vollautomatischen Planung. Von diesem Ziel ist man noch weit entfernt, und es wird kaum jemals erreicht werden. Aus praktischen Gründen wird eine Unterteilung der Planung in einzelne Planungsschritte notwendig sein. Dabei werden vom Planer die Ergebnisse des Schritts analysiert und erst nach einer gewissen Auswahl wird der nächste Schritt durchgeführt.

Es muß eine Formalisierung der Energiewirtschaft durchgeführt werden, damit ein solches Vorhaben durchgeführt werden kann. Das Hilfsmittel für die Formalisierung ist die Systemtheorie oder Systemwissenschaft. Mit ihrer Hilfe wird der Weg für die Darstellung der Energiewirtschaft (oder eines Sektors oder eines Unternehmens) durch ein mathematisches Modell geöffnet. Für Teilaufgaben können die Methoden des Operations Research angewendet werden.

I.4 Systemtheorie

Es ist hier nicht möglich, auch nur auszugsweise eine Darstellung der Systemtheorie zu geben. Hauptanspruch der Systemtheorie ist die Vereinheitlichung der Beschreibung realer Bereiche von Technik, Wirtschaft und Gesellschaft.

Die Bereiche der Wirtschaft und Gesellschaft entziehen sich einer exakten Beschreibung, da sie äußerst komplex sind. Das gilt auch für die Energiewirtschaft. Man muß daher mit einer Beschreibung zufrieden sein, welche die wichtigsten Eigenschaften angenähert wiedergibt.

Jeder Bereich muß einer Analyse unterworfen werden, um die Anwendbarkeit der Systemtheorie zu überprüfen (Systemidentifikation). Diese Analyse kann nach etwa fünf Hauptpunkten gegliedert werden.

1. Was sind die Ziele des gesamten Systems? Was tut es wirklich? Was ist das Maß für die Leistung des gesamten Systems?
2. Was sind die Umweltbedingungen des Systems? Was ist die Umgebung des Systems? Diese ist dadurch gekennzeichnet, daß der Entscheidende des Systems oder das System wenig Einfluß auf seine Umgebung hat. Sie unterliegt nicht der Kontrolle durch den Entscheidenden.
3. Was sind die Hilfsquellen (Kapital, Personal) des Systems? Diese sind vom Entscheidenden beeinflußbar.
4. Was sind die Einzelkomponenten des Systems? Das können auch Subsysteme sein. Was ist das Leistungsmaß der Komponenten?
5. Wer ist der Entscheidende (Management)? Zur Aufgabe des Management gehört die Kontrolle von Plänen, Entscheidungen zu treffen und die Ausführungsüberwachung.

Die Systeme sind zweckorientiert. Der Zweck der Elektrizitätswirtschaft z.B. ist die Versorgung der Bevölkerung mit elektrischer Energie.

Die nicht beeinflußbare Umgebung eines Systems der Energiewirtschaft sind zum Teil der Bedarf, die Wasserführung der Flüsse, die Bau- und Brennstoffpreise, die Technologie der Kraftwerke, der internationale Energiemarkt u.a.

Die Hilfsquellen sind das Kapital, über welches das Unternehmen verfügen kann, und das Personal.

Im Sinne einer Systemtheorie sind die Unternehmen der Energiewirtschaft als Systeme zu betrachten, aber auch Gruppierungen von solchen Unternehmen gelten als Systeme. Zum Beispiel ist die „Öffentliche Elektrizitätsversorgung Österreichs" eine Gruppierung von Stadtwerken, Landesgesellschaften und Verbundkonzern; oder „NORDEL" ist eine Gruppierung der elektrizitätswirtschaftlichen Systeme der skandinavischen Staaten. Es handelt sich dabei um reale Systeme.

Man erkennt das Einbettungsprinzip und die Hierarchie des Systemaufbaus (System von Systemen). Die Trennung zwischen System und Umgebung und die Unterteilung in Subsysteme ist vielfach nicht einfach zu erkennen und sollte vorzugsweise an Stellen schwacher Verknüpfungen erfolgen. (Dies ist auch wesentlich für den Bau von Systemen von Modellen).

Zu den Aufgaben des Managements gehört die Betriebskontrolle. Das Ziel verlangt die Durchführung von Operationen, Operationsfolgen = Prozessen (Betrieb), die einer gewissen Kontrolle unterliegen (Regelung, Steuerung, Schutz). Im weiteren gehören auch die Entscheidungen für den Systemausbau zu den Aufgaben des Managements und die Überwachung der Durchführung der Pläne.

Die Begriffe der Systemtheorie sind sehr allgemein. Sie passen für jedes technisch-wirtschaftliche System.

Beispiele für solche Begriffe sind Wandler, Koppler, Übertrager, Speicher. Wandler sind Kraftwerke, Raffinerien, Koppler sind Transformatoren, Übertrager sind Leitungen (elektrische, Pipelines für Öl, Gas), Speicher sind Öltanks, Kohlelager, Staubecken, Großspeicher der Wasserkraftwerke.

Das heißt, es müßte eine (übergeordnete) formale Beschreibung für jeden Bereich möglich sein, zum Beispiel für die Sektoren der Energiewirtschaft. Dies wurde aber kaum konsequent untersucht. Unterschiede zwischen etwa Elektrizitätswirtschaft und Mineralölwirtschaft wären abstrakt nur unwesentlich vorhanden. Der unsicheren Wasserführung entspricht eine unsichere Rohölanlieferung. Einem Wasserspeicher entspricht ein Öltank, einem Kraftwerk eine Raffinerie. Unterschiede, die jedoch in der Verallgemeinerung untergehen müßten, sind gegeben:

Die Elektrizitätswirtschaft umfaßt nur Einproduktunternehmen, die Mineralölwirtschaft umfaßt nur Mehrproduktunternehmen, was eine entsprechende Differenzierung bei der Lagerung verursacht. Größere Ähnlichkeit besteht zwischen der Elektrizitätswirtschaft und der Gaswirtschaft.

Diese einheitliche systemtheoretische Abgrenzung und Beschreibung der betrachteten Bereiche weist darauf hin, daß man sich ein „Bild" von einem realen System macht. Man versucht, ein reales System durch ein abstraktes Modell abzubilden und zu beschreiben. Das Modell soll es dem Planer erlauben, seine Planungsaufgaben zu lösen, gleichsam zu experimentieren. Es ist sein Werkzeug, um die Aufgabe der Planung in den Griff zu bekommen.

I.5 Modelle der Energiewirtschaft

I.5.1 Allgemeines

Modelle sollen also dem Planer als Hilfsmittel für die Durchführung seiner Planungsaufgaben, d.h. für die Systemsynthese (Systemdesign) dienen.

Viele Aspekte drängen sich zu dem Kapitel Modelle auf, so daß es schwierig ist, eine Ordnung in dieses zu bringen.

Das Modell soll dem Planer erlauben, gedanklich jede mögliche Entwicklung des Systems und der Ausbauentscheidungen durchzuspielen. D.h. es werden die Entscheidungen simuliert und ebenso der Betrieb unter der Beachtung von gewissen Beschränkungen (eine Kraftwerksleistung kann nicht negativ werden). Durch Optimierung kann die Simulation eingeschränkt werden. Für eine konkrete Ausbauvariante muß die Entscheidung getroffen werden. Wurde ein Optimierungsverfahren verwendet und treffen die Annahmen nicht zu, dann ist die Lösung natürlich nicht optimal. Das schließt die Verwendung eines Optimierungsverfahrens nicht aus, das dann einfach als bestimmter Auflösungsalgorithmus des Modells anzusehen ist (Zuteilungsverfahren).

Die systemtheoretische Betrachtungsweise der Energiewirtschaft, wie sie in Punkt I.4 angedeutet wurde, könnte zu dem Schluß führen, daß ein einheitliches, universelles Modell der Energiewirtschaft möglich wäre. Die Modelle einzelner Systeme oder der Sektorsysteme wären dann durch Spezialisierung aus dem universellen Modell zu gewinnen.

Es ist aber nicht zu übersehen, daß reale Systeme umfangreich und äußerst komplex sind, so daß es nicht gelingt, ein System vollständig auf ein Modell (-system) abzubilden. Man muß danach trachten, mit dem Modell die wesentlichen Eigenschaften des realen Systems nachzubilden. Schwierig ist dabei die quantitative Charakterisierung. Wegen dieser Eigenschaft (äußerst komplex zu sein) sind auch bei der Beschreibung der realen Systeme Vereinfachungen und Unsicherheiten in Kauf zu nehmen. Die Systeme sollten vielfach stochastisch betrachtet werden.

Es wäre aber auch der Umfang eines solchen Universalmodells so groß, daß es nicht handhabbar wäre. Es besteht die Notwendigkeit der Aggregierung (Betrachtung des Subsystems der Laufwasserkraftwerke anstatt der einzelnen Kraftwerke usw.) und der Unterteilung in Submodelle. D.h. statt eines einzigen Gesamtmodells ist ein System von Modellen (Hierarchie) zu verwenden, das aus einem stark aggregierten Gesamtmodell (= globales Modell) und stärker detaillierten Modellen für die Subsysteme besteht. Es entsteht dabei das Problem der Koordinierung (Kopplung) der Modelle. Durch diese Unterteilung sollte jedenfalls das Optimum für das Gesamtsystem nicht verlorengehen. Bekanntlich ist das Ergebnis aus den Optima der Subsysteme nie besser als das Optimum des Gesamtsystems, zumindest wenn keine Unsicherheit im Spiele ist. Die Koordinierung, die in wechselweiser und/oder iterativer Anwendung der Modelle besteht und einen entsprechenden Datenfluß zwischen den Modellen gewährleistet, soll sicherstellen, daß das Optimum des gesamten Systems näherungsweise erreicht wird. Dabei ergibt sich insofern eine methodische Schwierigkeit, als es nämlich nicht so einfach ist, eine vernünftige Abgrenzung des gesamten Systems und die Unterteilung in Subsysteme vorzunehmen. Hier werden von Energiewirtschaft zu Energiewirtschaft verschiedene Wege einzuschlagen sein. Die Trennung soll im allgemeinen an den Stellen schwacher Verknüpfungen erfolgen oder an Stellen, die organisatorisch vorgegeben sind. Daraus ergibt sich, daß für jedes System individuell angepaßte Modelle gefunden werden müssen und kaum ein Modell für ein anderes System verwendbar ist.

Eine methodische Unterteilung der Energiewirtschaft in Subsysteme kann nach technologischen, räumlichen und zeitlichen Aspekten erfolgen.

Entsprechendes gilt für die Modelle. Neben dem globalen Gesamtmodell gibt es Sektormodelle (Kohle, Öl, Gas, Elektrizität, Wasserkraft, Kernenergie) und eventuell auch regionale Modelle, die auch wieder in Sektormodelle unterteilt werden können. Ferner ergeben sich aus der Unterteilung des Planungszeitraums in Perioden (5 Jahre, 1 Jahr) Submodelle, die sich auch im Hinblick auf den angewendeten Zeitschritt (Jahr ... Stunde) unterscheiden.

Es ist klar, daß für besondere Aufgabenstellungen auch spezielle Modelle gebaut werden müssen. Das kann sich auch bei der Darstellung des Bedarfs auswirken.

Für jedes, auch die Submodelle, werden immer noch Vereinfachungen erforderlich sein. (Wahl von repräsentativen Stichprobentagesdiagrammen des Bedarfs an Stelle von 365 Tagesbelastungsdiagrammen u.a.).

Es ist daher jedes Modell eine maßgeschneiderte Näherung für das Modell, welches das reale System abbilden sollte. Der Gedanke an ein Universalmodell ist zu verwerfen.

Die zulässigen Vereinfachungen eines Systems sind nicht immer klar erkennbar. Es bleiben die Fragen bestehen, wie genau ein angenähertes Modell das reale System, insbesondere in der Zukunft wiedergibt und wie man ein solches Modell gewinnt. Dazu gibt es keine eindeutige Methode. Der Bau eines Modells ist als eine Art Forschungsaufgabe zu betrachten. Das Testen eines Modells soll zeigen, daß die konkreten Auflösungen und damit das Näherungsmodell brauchbar sind. Dies ist schwierig zu entscheiden, da auch die Eingabedaten unsicher sind, und daher nicht eindeutig erkennbar ist, ob Unsicherheiten der Ergebnisse im wesentlichen auf die Daten oder auf das Modell zurückzuführen sind. Außerdem handelt es sich meist um zukünftige Daten, die im Augenblick nicht überprüfbar sind.

Der Bau der Modelle ist auch auf die Qualität der Eingabedaten abzustimmen.

Die Modelle sind also sehr stark systembezogen und wenig universell. Auch die zur Verfügung stehenden Werkzeuge (elektronische Computer) für die Durchführung der Rechenoperationen können den Bau des Modells zum Teil stark beeinflussen.

Grundsätzlich ist zwischen makro-ökonometrischen Modellen und eigentlichen

Planungsmodellen zu unterscheiden. Die makro-ökonometrischen Modelle basieren auf Vergangenheitsdaten, deren Zusammenhänge (Korrelationen, Regressionen) statistisch ermittelt und in die Zukunft fortgeschrieben werden. Sie werden vielfach für Bedarfsprognosen verwendet. Außerdem können sie in gewissen Fällen für die indikative Planung eine Rolle spielen. (Wie werden sich die einzelnen Sektoren entwickeln, Nachfrage nach Öl, Gas, Kohle?). Aufgrund ihres Charakters versagen sie bei Neuentwicklungen (z.B. Kernenergie), da eben kein Datenmaterial aus der Vergangenheit vorliegt. In manchen Fällen können ihre Aussagen durch ergänzende Sektormodelle ergänzt werden. (Was wird zukünftig an Kernenergie gebraucht?). Diese Art von Modellen soll hier nicht behandelt werden. Das Gleiche gilt für Input-/Outputmodelle und für reine Energiebilanzen, bei welchen Bedarf und Aufbringung gegenübergestellt werden.

Bei den eigentlichen Planungsmodellen handelt es sich um Simulationsmodelle bzw. Optimierungsmodelle. Während in den osteuropäischen Ländern die (globalen) Optimierungsmodelle für die normative Planung vorherrschen, sind in westeuropäischen Ländern häufiger makro-ökonometrische Modelle für die indikative Planung (Planifikation) zu finden. Diese Dinge sollen kein politisches Credo widerspiegeln. Sie geben nur die Einstellung zur Planung und den Entwicklungsstand bei der Modellbildung an. Es ist in diesem Zusammenhang auf die Electricité de France hinzuweisen, die auf dem Gebiete der Entwicklung der Planungsmodelle führend ist.

I.5.2 Klassifizierung von Modellen

Es wurde bereits in ökonometrischen Modellen, Input-/Outputmodellen, Energiebilanzen einerseits und Planungsmodellen, nämlich Simulations- und Optimierungsmodellen andererseits unterschieden. Letztere werden nachfolgend zugrundegelegt. Entsprechend dem hierarchischen Aufbau eines Systems von Modellen unterscheidet man Gesamtmodelle und Modelle der Subsysteme und Teilsysteme (Sektormodelle, Teilmodelle).

Für Modelle kennzeichnend ist auch der Grad der Aggregierung. Wegen der i.a. starken Aggregierung der Gesamtmodelle spricht man von globalen Gesamtmodellen. Auf die Koordinierung bzw. Kopplung von Modellen eines Systems wurde bereits hingewiesen.

In formaler Hinsicht besteht ein Modell aus einer Menge von Gleichungen oder Ungleichungen (Randbedingungen) und einer Zielfunktion (z.B. Kosten). Die Zielgröße kann optimiert werden, wenn die Randbedingungen Freiheitsgrade für die Variable zulassen. Die Zielfunktion hängt von der Zielsetzung für das System ab. Minimale Ausbaukosten, maximaler Ertrag und andere Zielfunktionen sind möglich.

Die Gleichungen stellen i.a. dar
a) Verhaltensweisen von Wirtschaftssubjekten, Niederschlägen u.a.
b) Technische Bedingungen
c) Definitionen.

Eine gewisse Konstanz der Verhaltensweisen nach a) ist erforderlich, damit brauchbare Modelle erstellt werden können.

In formaler Hinsicht können Modelle in *lineare* oder *nichtlineare* Modelle eingeteilt werden. Dies hängt von der Art der Modellbeziehungen ab.

Eine andere Einteilungsmöglichkeit der Modelle besteht in *diskrete und kontinuierliche* oder *gemischt diskret-kontinuierliche*, je nach der Art der zulässigen Werte für die Variablen.

Ebenso kann eine Einteilung in *statische* und *dynamische* Modelle getroffen werden. Nach der Art der Behandlung der Unsicherheit wird man *(quasi-) determinierte* und *stochastische* Modelle unterscheiden.

Entsprechend den jahreszeitlichen und täglichen Veränderungen des Systems oder an der Umgebung kann auch die zeitliche Unterteilung des Modells mehr oder weniger weit getrieben werden.

Die Komplexität der Modelle wird durch die saisonale Veränderlichkeit des Systems erhöht. Nicht nur der Bedarf ändert sich saisonal, sondern auch die Aufbringung, wenn es sich um hydraulische Systeme handelt. D.h. es kann sich auch um ein System mit von Monat zu Monat neuen Bedingungen handeln. Dies erschwert Optimierungsüberlegungen, da Engpässe sich nicht gleichmäßig übers Jahr verteilt zeigen werden, sondern zunächst nur in einzelnen Saisonabschnitten.

Kopplungen mit den Nachbarsystemen anderer Struktur können hier wertvolle Ergänzungen bilden (Tauschverträge).

Optimierungsüberlegungen werden auch durch die Diskretheit der Systemkomponenten erschwert. Der Ausbau kann nur in Sprüngen erfolgen.

Grundsätzlich kann bei den Modellen auch zwischen Modellen mit Behandlung der Kosten (Wirtschaftlichkeit) und Modellen ohne Kosten (technische Bedarfsdeckung) unterschieden werden. Bei letzteren wird der wirtschaftliche Einsatz indirekt behandelt. D.h. den einzelnen Kraftwerken werden Prioritäten zugeordnet. Die Werke mit höheren Kosten werden nachrangig eingesetzt.

Nach der Art der zu lösenden Aufgaben wird man (Teil-) Modelle unterscheiden für:
Planbilanzen
Finanzpläne, Tarifpolitik
Ausbauplanung Gesamtsysteme, auch mit regionaler Unterteilung
Ausbauplanung Netz
Ausbauplanung Kraftwerke, Energieplanung (Bezüge, Importe, Abgaben, Exporte)
Revisionspläne
Ausfall von Kraftwerken (Zuverlässigkeit)
Hydraulizität
Ermittlungen von schneller und langfristiger Reserve
Einsatzplanung der Kraftwerke
Bedarf, Bedarfsstruktur.

I.5.3 Der Weg zum Modell

Es wurde bereits erwähnt, daß der Bau eines größeren Modells eine Art Forschungsarbeit ist und daß es keine eindeutige Methode für die Durchführung einer solchen Aufgabe gibt. Das dürfte auch nach den bisherigen Ausführungen ohne weiteres einzusehen sein. Es lassen sich aber in Ergänzung zu den bisherigen Erläuterungen einige Grundregeln angeben, die zu beachten sein werden, es sei denn, man ist in der Lage ein in einem anderen Lande oder Unternehmen bereits ausgearbeitetes und bewährtes Modell zu übernehmen. Im allgemeinen wird dies jedoch nicht der Fall sein, da die meisten Systeme sich größenmäßig und strukturell viel zu sehr unterscheiden und die Modelle systemspezifische Näherungen sind. Trotzdem kann versucht werden, Schritte in dieser Richtung zu unternehmen. Dies beginnt beim Studium der Fachliteratur und beim Gedankenaustausch mit Fachleuten. Trotz einer gewissen Fülle von Fachliteratur gibt es leider nur wenige brauchbare Veröffentlichungen. Dies ist darauf zurückzuführen, daß es sich doch eher um Neuland handelt, die Ausarbeitungen umfangreich sein müßten und eine gewisse Zurückhaltung besteht, zum Teil provisorische Modelle zu beschreiben, deren Ergebnisse vielleicht noch zu wenig überprüft sind. Man wird dabei die Fachliteratur jener Länder heranziehen, in welchen der Entwicklungsstand der Modelle hoch ist und die Modelle eine gewisse Bewährung aufweisen bzw. der Umfang und die Struktur der Energiewirtschaft mit dem eigenen System Ähnlichkeit hat, so daß ein gewisses Vorbild gefunden werden kann und sich unterstützt durch eigene Überlegungen Ansatzpunkte für die Modellbildung ergeben.

Wenn auch eine große Vielfalt von Modellen vorhanden ist, lassen sich doch allen gemeinsame Züge und grundsätzliche Probleme erkennen. Das sind der grundsätzlich vorhandene Näherungscharakter der Modelle und die Unsicherheit der Eingabedaten.

Die Detaillierung der Modelle soll der Genauigkeit der Eingabedaten angepaßt sein. Es hat keinen Sinn, mit großem Aufwand ein sehr umfangreiches Modell (gemessen an der Zahl der Variablen und Gleichungen) zu entwickeln, wenn die Ergebnisse in einem Meer der Ungenauigkeit der Daten untergehen, oder es ist auch in angemessener Weise für die Verbesserung der Daten Sorge zu tragen, wobei auch hier die Unsicherheit grundsätzlich nicht ausgeschaltet werden kann.

Bei der Modellbildung ist vom vorhandenen Datenmaterial auszugehen, welches eine erste Systembeschreibung erlaubt.

Die Modellansätze wären von einfachen Modellen beginnend zu komplizierteren fortschreitend zu entwickeln, wobei vernünftig große Entwicklungsstufen vorzusehen wären.

Die Entwicklung wird auch der Intuition gehorchen und auch heuristische Züge tragen.

Methodisch kann man das Vorgehen unter "trial and error" einordnen. Es ist jedenfalls an die Erfahrung gebunden und kann auch als Lernprozeß verstanden werden.

Vor einer anderen Vorgangsweise muß i.a. gewarnt werden.

Bei der Modellbildung sind auch die vorhandenen Ressourcen zu beachten, das sind Fachpersonal und Rechenwerkzeuge (Computer). Von dieser Seite können Einschränkungen bestehen, die auch durch einen großen Einsatz finanzieller Mittel nicht zu beheben sind. Die zur Verfügung stehenden Mittel hängen sicher von der Größe des Landes ab, von der Einstellung zur Planung, d.h. der Wichtigkeit, der ihr beigemessen wird, und von dem Vertrauen, das in mathematische Modelle gesetzt wird. Die Situation wird sicher erleichtert, wenn zumindest Anfangserfolge nachgewiesen werden können. In einigen Ländern haben mathematische Modelle der Energiewirtschaft Anerkennung gefunden (Frankreich, Großbritannien, osteuropäische Länder). In anderen Ländern dürften solche Modelle vor der Anerkennung stehen.

Für die Auflösung von Modellen gibt es verschiedene Verfahren. Die Auflösungsverfahren sind mathematisch i.a. bis zu einer gewissen Reife gediehen. Das soll aber nicht heißen, daß nicht noch Entwicklungsarbeiten zu leisten sind und Beschränkungen bestehen. Das kann die Handhabung des Modells betreffen oder das Werkzeug (Computer) oder das Verfahren, wobei dies meist mit dem Umfang des Modells in Zusammenhang steht, nämlich der Zahl der Variablen und Gleichungen oder von der Art der Beziehungen zwischen den Variablen, nämlich linear oder nichtlinear. Es besteht das Problem der Zulässigkeit der Linearisierung nichtlinearer Beziehungen.

Modell und Auflösungsmethode bedingen einander weitgehend. Auch wird sich der Modellansatz nach vorhandenen Rechenwerkzeugen richten. Bei der Modellbildung muß der goldene Mittelweg gefunden werden: nicht zu umfangreiches Modell, welches jedoch noch die wesentlichen Züge der Realität trägt. Umfangreiche Modelle erfordern einen großen Aufwand und erschweren die Handhabung. Es muß sehr viel aktuelles Datenmaterial erarbeitet werden, um das Modell mit den neuesten Annahmen zu „füttern". Dadurch wird das Arbeiten mit dem Modell schwerfällig.

Bei der Modellbildung ist auch die Frage des Aufwands nicht zu unterschätzen. Je komplexer das Modell ist, umso größer ist der Aufwand. Das ist nicht nur der Kostenaufwand, sondern auch der durch Kapazitätsbeschränkungen bedingte Zeitaufwand (bis zu 10 Jahre). Kapazitätsbeschränkungen liegen auf der Personalseite und bei umfangreichen Modellen auf der Computerseite.

Nicht unterschätzt werden darf der Aufwand für das Sammeln und Aufbereiten des erforderlichen Datenmaterials, der sehr groß ist. Eine Automatisierung der Datenerfassung ist auch kostspielig und wird bei manchen Daten kaum durchführbar sein. Das heißt, daß das Anlegen und die Pflege einer Datenbank sehr aufwendig sein kann.

Es muß also eine Art Wertanalyse der Modellbildung und/oder der Planungsmethodik durchgeführt werden. Auch hier wird es eine Art Bestlösung geben.

Jedenfalls haben auch die zukünftigen Benützer des Modells oder der Modelle beim Bau derselben mitzuarbeiten, da sonst die Verwendung in Frage gestellt sein oder in falscher Weise erfolgen kann.

Die Arbeiten an Modellen wären durch erfahrene Planungsfachleute zu überwachen, die aufgrund langjähriger Praxis und Lebenserfahrung eine allgemeine und spezielle Einsicht in die Probleme der Energiewirtschaft erworben haben.

Erinnert sei an die Zielsetzungen beim Modellbau:

Gewinnung besserer Einsicht in die quantitativen Wechselbeziehungen der verschiedenen Faktoren, welche Bedarf und Aufbringung der Energie beeinflussen.

Vorhersage zukünftiger Entwicklungen.

Schätzung der Wirkung von Politikänderung und der Umstände.

Optimierung der gesamten Energiewirtschaft.

Es bestehen aber auch Beschränkungen, die nur gemildert, aber grundsätzlich nie ganz behoben werden können:

Die Modelle können nicht alle Aspekte der Realität wiedergeben.

Sie können nicht genügend ins Detail gehen.

Sie beruhen in einem gewissen Maß auf subjektiver Beurteilung.

Ihr Wert hängt vom Wert der Eingabedaten ab.

Bei der Anwendung der Modelle sind wechselnde Randbedingungen oder Strategien (Wasserkraftwerke ausbauen – Wasserkraftwerke nicht ausbauen) zu beachten und oft widersprechende Zielvorstellungen aufzuzeigen.

Ergänzend sei noch erwähnt, daß der Bedarf und die Bedarfsprognose* in mehrfacher Hinsicht für die Modelle und die Aufgaben, welche damit behandelt werden, von entscheidender Bedeutung sind.

---

*) Die Bedarfsprognose ist hier nicht Gegenstand der Planungsmethodik.

Neben der Größe des Bedarfs (Jahreswerte) ist auch die strukturelle Aufteilung auf Saison und Monat, sogar auf Stunde je nach Aufgabenstellung, von Bedeutung (Laufwasserkraftwerk, Pumpspeicherwerk, schnelle Reserve, Wärmekraftwerk mit stundenveränderlichem Einsatz u.a.). D.h. die Darstellung des Bedarfs ist auf das Modell abzustimmen (charakteristische Lastgrößen, Ganglinien, Dauerlinien, Energieinhaltslinien).

Ebenso wichtig ist die erwartete Genauigkeit der Bedarfsvorausschätzung.

Bezüglich der erreichbaren Genauigkeit bei Bedarfsprognosen wäre noch zu erwähnen, daß Fehlschätzungen zu einer Beschleunigung oder Bremsung von Bauprogrammen führen müßten. Da aber die Planungs- und Bauzeiten großer Kraftwerke sehr lang sind und vertragliche Bindungen oder Kapazitätsbeschränkungen keine große Flexibilität erlauben, wäre unter Umständen auch eine gewisse Bedarfssteuerung erforderlich, die zu einer Beeinflussung des Bedarfs führt (Werbung, Tarifpolitik, Ausbaupolitik für das Endabnehmernetz, vertragliche Abschaltmaßnahmen, Rundsteuerung u.a.).

I.5.4 Anwendung und Handhabung der Modelle

Für die Planung und Entscheidung des Systemausbaus sind i.a. immer mehrere Modelle in Gang zu setzen. Dabei besteht das Problem der Koordinierung dieser Modelle. Insbesondere besteht das Problem der Koordinierung lokaler Entscheidungen auf der Basis vager Daten. Für die Koordinierung können die Ausgangsdaten eines globalen Gesamtmodells als Kontrolldaten für die Sektormodelle dienen.

Die verschiedenen Modelle werden iterativ und wechselweise anzuwenden sein. Für die Daten müssen einheitliche Gesichtspunkte gelten (gleicher Zinsfuß für Fremdkapital u.a.).

Eine vollautomatische Planung wird es nicht geben, sondern eingedenk, daß Planung Dialog ist, wird auch der Dialog zwischen den Sektoren und zwischen den verschiedenen Systemen in der Hierarchie der Systeme gepflegt werden müssen.

Für die Systementwicklung werden Folgezeiten bis zu 20 oder mehr Jahren untersucht. Damit sind die Eingabedaten äußerst vage, da viele Daten nicht unter Kontrolle sind. Viele Eingabedaten müssen als Parameter variiert werden. Man erhält nicht eine, sondern einen Satz optimaler Lösungen abhängig von unsicheren Daten. Je unsicherer die Daten sind, desto mehr Varianten müssen untersucht werden. Bei der Risikoabneigung der Entscheidenden werden vielfältige Alternativen an Stelle einer Lösung zu untersuchen sein. Es geht weniger um Optimierung, sondern die Modelle sollen ein Entscheidungsfeld, weniger die Entscheidung selbst liefern.

Bei der Interpretation der Ergebnisse einer Modellauflösung ist entsprechende Vorsicht walten zu lassen.

Die Modelle müssen genügend flexibel sein, damit rasch Varianten gerechnet werden können. Dies erlaubt die Durchführung von Sensibilitätsstudien. Dies erhöht den Wert der mathematischen Modelle. Es ist ein wertvolles Ergebnis, wenn gezeigt werden kann, daß eine Lösung, ein bestimmtes Ausbauprogramm, auf Änderung eines Parameters in weiten Grenzen unempfindlich ist.

Man muß allerdings bei der Variation von Parametern darauf achten, daß man wegen der Kombinatorik sehr rasch eine verwirrende Lösungsvielfalt erhalten kann. Unter Umständen kann aus vielen Varianten mit Hilfe der Spieltheorie (Entscheidungstheorie) unter Anwendung des Minimax-Prinzips oder des Minimax-Regret-Prinzips eine Variante ausgesondert werden.

Die parametrische Behandlung ist meist schwerfällig, da viele umfangreiche Rechnungen wiederholt durchgeführt werden müssen.

Oft ist auch die Festlegung von Eingabedaten schwierig, da ein Standardwert nur schwer festgelegt werden kann. Z.B. soll für die Bestimmung der Systemreserve ein numerischer Sicherheitsindex definiert werden oder es werden die Ausfallskosten (die Kosten, die ein Ausfall der Volkswirtschaft verursacht) in die Zielfunktion aufgenommen. Es ist schwierig, speziell für die letzte Größe einen anerkannten Wert zu finden.

Im Falle von statischen Optimierungsmodellen kann eine Dynamisierung erreicht werden. Es wird der Planungszeitraum (z.B. 20 Jahre) in Fünfjahresperioden unterteilt. Für das letzte Jahr der Periode wird eine Optimierung durchgeführt. Die Ergebnisse gehen dann in die Eingabedaten für die nächste Periode ein, usw.

Bei der Anwendung der Optimierungsmodelle kann man im Prinzip zwei Verfahren unterscheiden, mit welchen auch die Auflösungsmethode des Modells in Zusammenhang steht.

Es sind dies das Variantenverfahren und das globale Verfahren („verschmierte" Projekte). Bei letzteren handelt es sich meist um eine Strukturoptimierung. (Es werden die relativen Anteile der Energiesektoren an der gesamten Energiewirtschaft oder die relativen Anteile der Kraftwerksarten an der Gesamterzeugung bestimmt). Die globalen Verfahren sind durch Einzeluntersuchungen zu ergänzen, nämlich Sektormodelle bzw. Einzelprojektsuntersuchungen (z.B. nach Richtlinien der Note bleu der E.d.F.).

Zu den Variantenverfahren können folgende Verfahren gewählt werden, wobei hier keine Wertung vorgenommen wird:

Einzellösung (meist wegen ungenügender Rechenhilfsmittel)

Gezielte Variantensuche durch Parameterveränderungen in Schritten

Heuristische Vorgehensweise (Analogien, Annahmen)

Spieltheoretische (entscheidungstheoretische) Verfahren unter Anwendung des Minimax- oder des Minimax-Regret-Prinzips, welches sowohl in französischen wie englischen Veröffentlichungen als interessante Möglichkeit erwähnt wird.

Dynamische Optimierung. Dieses Verfahren ist die diskretisierte Variationsrechnung. Nach dem Bellman'schen Optimierungsprinzip werden Varianten, die nicht zu optimalen Lösungen führen, erkannt und ausgeschieden.

Zu den globalen Verfahren zählen:

Lineare Optimierung mit ihren Abarten wie parametrische, stochastische, ganzzahlige und gemischt-ganzzahlige (wenn nur ganzzahlige Lösungen für gewisse Variable in Frage kommen) lineare Optimierung

Nichtlineare Optimierung.

Anwendung analytischer Methoden: Differentialrechnung, Lagrange'sche Multiplikatoren. Gradientenverfahren mit den verschiedenen Abarten.

Variationsrechnung.

Diese globalen Verfahren verlangen analytische Näherungen der Zusammenhänge.

Alle diese globalen Verfahren und auch die dynamische Optimierung besitzen einen gemeinsamen mathematischen Kern.

Bei näherem Hinsehen sind die Unterschiede zwischen den beiden Verfahrensgruppen in der Praxis nicht so groß. Bei Variantenverfahren werden wohl gewisse Blockleistungen bei der Untersuchung eingesetzt und eine Lösung gewonnen. Es wird aber dann eine andere in der Nähe der Lösung liegende Blockleistung gewählt (günstigeres Firmenangebot). Andererseits werden dann bei Lösungen globaler Modelle die Blockleistungen aus einer Liste der Angebote gewählt. Ebenso können bei globalen Modellen Parameter variiert werden, was wieder zu Variantenverfahren führt.

Die Variantenverfahren erlauben das direkte Einsetzen der Projektskosten, während bei globalen Verfahren mittlere „Erzeugungskosten" verwendet werden. Vielfach sind aber die Projektskosten aus mittleren Kosten geschätzt, so daß auch unter diesem Gesichtspunkt u. U. kein wesentlicher Unterschied besteht.

Vielfach werden beide Verfahren verwendet. Mit Hilfe des globalen Verfahrens wird ein Gebiet optimaler Lösungen abgesteckt. Die endgültige Lösung wird mit dem Modell für den Variantenvergleich ermittelt.

I.5.5 Schlußbetrachtungen

Der Bau von Modellen beginnt bei der Formulierung des zu lösenden Problems, zum Beispiel den Ausbau eines energiewirtschaftlichen Systems mit seinen Lagerstätten, Umwandlungseinrichtungen, Lagern und Transporteinrichtungen.

Bei den Planungsmodellen (Optimierungsmodellen) für den Systemausbau ist erst der Anfang einer Entwicklung zu sehen. Bei den ökonometrischen Modellen ist ein gewisser Entwicklungsstand erreicht worden und auch bei den Modellen für die Betriebsplanung, da dort Verhaltensweisen eine geringere Rolle spielen.

Der Bau von Modellen ist eine Reise, kein Ziel. D.h., Modelle sind nie endgültig. Bei den Modellen für den Systemausbau stehen die Modelle für die Planung der Erzeugungsstruktur im Vordergrund. Einige Länder haben bereits Erfahrungen damit gewonnen. Geringer ist der Anteil der Modelle für den Ausbau des Transportnetzes.

Die zu wählenden Methoden hängen von der Art des Problems ab. Die praktische Anwendung vieler Modelle ist zur Zeit noch begrenzt. Es steht auch noch nicht eindeutig fest, welche Probleme mit mathematischen Modellen behandelt werden können (sollen) und welche nicht. Sicher ist die Anwendung dort unmöglich oder nur schwer möglich, wo es sich um nichtquantifizierbare oder nur schwer quantifizierbare Größen handelt. So werden Fragen der technologischen Entwicklung nur mit Schwierigkeiten mit mathematischen Modellen behandelt. Auch für Fragen des Umweltschutzes gibt es kaum noch Modelle (außer für Einzelprobleme). Nicht zu übersehen ist auch, daß mehr oder weniger überraschende Entdeckungen von Lagerstätten das Gesicht einer Energiewirtschaft rasch verändern können.

Die Probleme und Methoden sind in den meisten Ländern zumindest in der Wurzel ziemlich gleich.

In den staatswirtschaftlichen Ländern mit normativer Planung findet man eher Optimierungsmodelle, in den marktwirtschaftlichen eher ökonometrische Modelle (für eine indikative Planung).

Der Zweck mathematischer Modelle für die Planung ist im weitesten Sinne das Finden optimaler Mittel, um zukünftige Ereignisse in gewünschte Bahnen zu lenken, statt ihr zufälliges Erscheinen zuzulassen, und die Bestimmung der Richtung und der Art der Tätigkeit, um praktische Maßnahmen für die Erreichung des gesamten Ziels anzuwenden.

Nicht zu übersehen ist auch, daß die Ergebnisse von Planungen der Energiewirtschaft durch Entscheidungen wirtschaftlicher oder finanzpolitischer Art auf höherer Ebene in Frage gestellt werden können.

Die Energiewirtschaft wird als Gas- oder Bremspedal für die Gesamtwirtschaft benützt, da sie einen sehr starken Multiplikatoreffekt hat.

Diese Entscheidungen wären aber aus einem übergeordneten volkswirtschaftlichen Modell abzuleiten und zu begründen.

Der Systemausbau ist als Jagd zu verstehen, bei welcher oft Ziel und Standort wechseln. Daher ist ein optimales Vorgehen letztlich nur schwer möglich.

II. BEISPIELE FÜR AUSLÄNDISCHE PLANUNGSMODELLE

II.1 Ein Welt-Energiemodell des Erdöl- und Gassektors*
Konzepte, Methoden und vorläufige Resultate des Öl-/Gasmodells

Ein Forscherteam** des Queen Mary College, London, und der London School of Economics hat in vieljähriger Arbeit ein großes lineares Optimierungsmodell entwickelt, welches gegenwärtig die Welt-Öl- und Gasindustrie umfaßt und zukünftig auch andere Energieformen einschließen soll.

Es wurde davon ausgegangen, daß die Energieprobleme der Welt nicht dauerhaft gelöst werden können, wenn nicht die Weltenergieindustrie gesamthaft behandelt wird.

Das Modell wurde verwendet, um Prognosen für das Jahr 1977 unter verschiedenen Aspekten zu stellen. Die Ergebnisse beziehen sich auf die Öl- und Gasproduktion, Versorgung, Raffination und Produktnachfragesituation und beleuchtet global Auswirkungen von Politikänderungen der USA. Politische Entscheidungen, die überprüft wurden, sind:

1. Ein Teil der Erdgasnachfrage in den USA wird durch Ölprodukte befriedigt.
2. Verbot neuer Raffineriebauten an der Ostküste der USA.
3. Einhaltung geringeren Schwefelgehalts bei Heizöl in den USA.
4. Annahme, daß das Alaska-Rohöl (50 Mio t/a) verfügbar wird und zur Westküste der USA und nach Japan transportiert werden kann.
5. Das Alaska-Rohöl darf nur nach USA geliefert werden.

In beträchtlicher Detaillierung werden für diese verschiedenen Situationen die Auswirkungen auf die weltweiten Investitionen bei Raffinerieanlagen, auf Rohöl- und Produktpreise, Energieverbrauch und staatliche Einkünfte beleuchtet.

Die Matrix des linearen Optimierungsmodells umfaßt 3550 Zeilen (im wesentlichen Restriktionen) und 13500 Spalten (Aktivitäten). Die Anzahl der von Null verschiedenen Elemente ist 244500.

Die Rechenmatrix enthält 3200 Zeilen und 12000 Spalten. Die Anzahl der von Null verschiedenen Elemente ist 152000.

Das Modell berücksichtigt eine Einteilung der Welt in 25 geographische Regionen, von welchen 22 auch Raffineriezentren besitzen. Die Sowjet-Union wird nur als Exporteur von Öl und Gas betrachtet und durch 3 Regionen erfaßt. Jede andere Region ist auch Verbrauchsregion. Der Bedarf kann im Modell variiert werden.

52 verschiedene Rohölsorten werden im Modell berücksichtigt. Die Preise von Rohölsorten und Erdgas sind alle auf arabisches Leichtrohöl loco Ras Tanura bezogen. Der Preis dieses Rohöls ist ein wesentlicher Parameter des Modells. Der Parameter kann in weiten Grenzen geändert werden, ohne die Lösung des Modells zu beeinflussen.

Die Raffineriekapazität setzt sich aus Altanlagen und neuen durch das Modell bestimmte Zubauten zusammen. Dabei wird in der Zielfunktion vom Minimum des Barwerts der Gesamtkosten zur Deckung des Bedarfs der Region ausgegangen. Der Diskontierungszins-

---

*) Nach World energy modelling: Part 1. Concepts and methods, Part 2. Preliminary results from the petroleum/natural gas model, Energy Research Unit, Queen Mary College, London.

**) Professor Deam, Hale, Isaac, Leather, O'Carroll, Slee, Ward, Watson.

fuß im Modell beträgt 15%.

Die folgenden Öl- und Gasprozesse werden im Modell abgebildet:

Rohöldestillation

Vakuumdestillation

Alkylierung

Katalytisches Reformieren

Destillatentschwefelung

Kerosin- und Gasöl-Hydrocrackung

Katalytisches Cracken

Rückstandsentschwefelung

Rückstandsverkokung

Erdgasverflüssigung

Wiedervergasung von flüssigem Erdgas

Ölvergasung.

Neben den Amortisationskosten werden die Kosten für den Betrieb (Dampf, Elektrizität, Wasser, Chemikalien, Katalysatoren, Brennstoffverbrauch), Personal, Wartung und Verwaltung berücksichtigt.

Eine umfangreiche Produktpalette kann in jeder Region hergestellt werden. Jedes Produkt wird nach maßgebenden Spezifikationen und Bedingungen hergestellt:

Leichtbenzin

Motortreibstoffe

Petrochemische Ausgangsprodukte

Kerosin

Gasöl

Rückstandsheizöle

Bitumen

Petrolkoks.

Drei Arten von Motortreibstoffen werden berücksichtigt: Super – normal – bleifrei. Auch drei Arten von Heizöl sind in jeder Region verfügbar: niederer – mittlerer – hoher Schwefelgehalt.

Das Exportrohöl kann in eine große Zahl möglicher Verarbeitungsregionen transportiert werden. Hierfür stehen sechs Schiffskategorien* zur Verfügung. Restriktionen sind die Weltschiffstonnage für jede Kategorie und die Hafenkapazitäten jeder Region. Dadurch ergeben sich Restriktionen hinsichtlich der Gesamtmenge Rohöl, welche in eine Region per Schiff gebracht werden kann. Der Zubau von Schiffen ist im Modell möglich. Interregionaler Transport von Produkten per Schiff ist möglich (< 25000, 25000 – 50000, 50000 – 80000 dead-weight tons).

Eine Reihe von Rohöl-Pipelines sind ebenfalls im Modell abgebildet (TAP, TIP, NDO, NWO, RRP, CEL, TAL, SEPL, Canada-USA, USA-interregional).

Hier bestehen Restriktionen hinsichtlich der Kapazität.

Das Modell berücksichtigt also eine lange Liste von alternativen Möglichkeiten, die für die Operationen der internationalen Industrie bestehen und eine Menge von Restriktionen, welche diese Alternativen einschränken.

*) < 25000, 25000 – 50000, 50000 – 80000, 80000 – 125000, 125000 – 200000, > 200000 dead-weight tons.

Bei den alternativen Möglichkeiten handelt es sich um folgende grundlegende Arten:
Transportmöglichkeiten von Rohöl von den Ölfeldern zu den Raffinerien
Transportmöglichkeiten von Gas vom Feld zum Raffinerie- oder Verbrauchsschwer-
punkt
Raffinationsmöglichkeiten für jede Art von Rohöl und für die weitere Prozeßbehand-
lung und Mischung von Zwischenprodukten
Transport von Produkten gewünschter Qualität zur Deckung der Marktbedürfnisse
jeder Region
Bau neuer Raffinerien, Schiffen usw.

Die Restriktionen berücksichtigen alle Aspekte des Systems:
Mengenbeschränkung bei Rohöl, Raffineriekapazität und verfügbarer Schiffstonnage
Deckung des Bedarfs an jedem Öl- und Gasprodukt in jeder Region
Mengenbilanzen müssen für jede Industrie und für jede Operation erfüllt sein
Einhaltung vorgegebener Spezifikationen
Verschiedene andere Beschränkungen
Auch politische Beschränkungen sind vorhanden. Zum Beispiel: Endprodukte einer
Region der USA dürfen in andere Regionen der USA nur mit Schiffen unter ameri-
kanischer Flagge transportiert werden.

Die Anzahl der Möglichkeiten ist im Modell etwa viermal so groß wie die Anzahl der
Restriktionen. Daher gibt es viele Mengen von Möglichkeiten, die alle Restriktionen erfüllen.
Dies entspricht auch der Realität. Es gibt eben viele Möglichkeiten den Bedarf zu decken und
die Disponenten der Ölfirmen versuchen dies mit minimalen Kosten für die Gesamtheit der
Operationen durchzuführen. Im Modell wird als Zielfunktion das Minimum der Kosten für
jede Möglichkeit vorgesehen. Die „optimale" Lösung für irgendein Jahr berücksichtigt alle
Arten von Restriktionen (physikalische, wirtschaftliche, fiskalische, politische).

Unter den getroffenen Annahmen beschreiben die Ergebnisse das Bild der zukünftigen
weltweiten Öl- und Gasströme zusammen mit den damit verknüpften Raffinerie- und Trans-
portoperationen.

Das Modell wird ständig vergrößert, neue Technologien werden einbezogen und Definitionen werden verbessert.

Grundlegend für das Konzept des Modells ist das Arbeiten mit Gleichgewichtspreisen
für Produkte und Rohöle und Erdgas. Unter Gleichgewichtspreisen eines Produkts ist jener
Preis zu verstehen, auf den sich die aktuellen täglichen Marktpreise einpegeln. Dabei muß
genauer zwischen kurzfristigen und langfristigen Gleichgewichtspreisen unterschieden werden,
wobei jedoch eine Tendenz zum Ausgleich besteht. In Platt's Oilgram werden täglich Produktpreise veröffentlicht, so daß Zeitreihen für Preise zur Verfügung stehen.

Der Preismechanismus ist das Bindeglied zwischen Technik und Wirtschaft. Die Logistik
der europäischen Ölversorgung und zunehmend die der USA hängt zu guter Letzt von wirtschaftlichen Kräften ab.

Auch bei einem vollständigen technologischen Modell sind die Gleichgewichtspreise
noch nicht bestimmt. Bei energiewirtschaftlichen Modellen sind die Beziehungen (= ein Satz
von Gleichungen) derart, daß ein Freiheitsgrad besteht. D.h. ein Preis ist exogen festzulegen.
Alle anderen Preise (Produkte, Rohöle, Erdgas) orientieren sich an diesen.

Der exogene Preis kann auf zwei Arten entstehen: durch Wettbewerbskräfte oder
monopolistische Kräfte.

Die zugrundeliegende Publikation setzt sich sehr eingehend mit den Fragen der Preisbildung auseinander.

Auch die Frage nach der Art der Zielfunktion wurde in der Publikation behandelt. Soziale Wohlfahrt, Umweltschutz wurden als nicht zielführend erkannt und verworfen. Minimale Kosten sind auch für Modelle im Weltmaßstab zweckmäßig und realistisch.

Die Auflösung so großer Modelle führt auf große Probleme bei der Programmierung, Eingabe der Daten, Ausgabe und bei der Verwendung der verfügbaren Computer. Die Verfasser drücken dies mehrfach in sehr drastischer Weise aus: ,, ... detaillierte Studien sind erforderlich, um das Modell durch das Minenfeld der Programmöglichkeiten zu bringen ...", und ,, ... wenn aus dem Programm nicht in einfacher Sprache hervorgeht, was der Operator zu tun hat, hole den Programmierer Samstag nachts aus dem Bett ...". Das Programmpaket ist stark maschinenabhängig. Es mußte daher frühzeitig ein Computer festgelegt werden. Die Wahl fiel auf eine CDC 7600. Dieser Computer erschien als Werkzeug geeignet.

Die Intervention von Spezialisten soll bei der Programmabwicklung weitgehend vermieden werden. Die Ein- und Ausgabe muß den Bedürfnissen der Anwender bestens angepaßt werden.

Es ergab sich die Notwendigkeit besondere Programmverbesserungen zu entwickeln, damit das Programmpaket als praktikables Werkzeug für den Anwender dienen kann.

Das derzeitige Modell hat als Grundlage eine Prognose des Produktebedarfs für 1977, Daten der 1972 vorhandenen Raffineriekapazitäten und Tankerflotte, Produktspezifikationen für 1977, Ausstoßdaten für Rohöle, Mischungsverhältnisse, Betriebskosten, Baukosten für neue Raffinerien und Tanker verschiedener Größen bezogen auf 1977, Hafenrestriktionen für 1977, politische Restriktionen im Jahre 1977.

Folgende grundlegende Annahmen liegen zugrunde:
Der Grenzenergieträger ist arabisches Leichtrohöl, erhältlich zu $ 14.50/Tonne fob. Perfekte Kenntnis der Märkte und perfekter Wettbewerb. Steigender Energiebedarf.

Diese Annahmen führen zu Bestimmungen, nicht Schätzungen, wird behauptet. Es wird ein Bedarfsmuster angenommen und die optimale Lösung für dieses Muster bestimmt. Es ist dem Leser überlassen, zu schätzen, wann der angegebene Bedarf erreicht wird.

Es wird eine große Menge von Faktoren bestimmt:
Versorgungslogistik, Gleichgewichtspreise, Kapital, Raffinerien, Tanker usw., die vorhanden sein müssen, wenn der Bedarf erreicht wird.

Die relativen Anteile zwischen den Produkten können variieren. Dies geschieht im Modell durch wirtschaftliche Substitutionen.

Die Ausgabeinformation für einen einzigen Lauf ist sehr umfangreich. Sie umfaßt ca. 600 (!) Computerpapierseiten von etwa 4 kp Gewicht. In der Publikation sind auszugsweise Ergebnisse solcher Läufe für die am Beginn dieses Berichts angeführten Varianten enthalten. Es ist nicht möglich, diese Resultate hier zu wiederholen. Einige Ergebnisse seien aber zum Abschluß konzentriert wiedergegeben.

Die Verhältnisse in den USA beeinflussen stark die Weltenergiewirtschaft. Es werden daher Varianten ausgewählt, welche die Auswirkungen der Änderungen von politischen Restriktionen der USA beleuchten.

Der Wert des Modells liegt primär bei der Herausarbeitung von Änderungen und nicht bei der Bestimmung von Bauprogrammen.

Im Grundfall (keine politischen Restriktionen) werden 413 Mio t/a Rohöldestillationsanlagen zugebaut und 130 Mio t/a Vakuumdestillationsanlagen. 96.4 Mio dwt* neuer Öltanker müssen gebaut werden. Das meiste sind Tanker über 200.000 dwt. An Investitionskapital werden zwischen Ende 1972 und 1977 21.340 Mio $ für neue Raffinerieanlagen und 19.040 Mio $ für neue Tanker benötigt, zusammen 40.400 Mio $. Der gesamte Ölproduktbedarf beträgt 1977 2.671 Mio t. Davon werden 847 Mio t in den USA benötigt.

Unterschiede in den Werten der Zielfunktion optimaler Variantenlösungen beruhen auf Änderungen von Kosten der Hilfsquellen und Änderungen von Monopolrenten, welche an Eigentümer marginaler Rohöle bezahlt werden.

Die Werte der Zielfunktionen sind für die vier Varianten nicht stark unterschiedlich. Nur die Variante 1 (Öl substituiert Gas) ist merkbar günstiger in den Kosten (– 1.986 Mio $ gegenüber dem Grundfall). Die Verbraucherausgaben sinken bei Variante 1 in den USA um 9.780 Mio $ und steigen in der übrigen Welt um 2.090 Mio $. Die Einnahmen der Rohölproduzenten sind bei Variante 1 am höchsten (+ 3.100 Mio $) und am niedrigsten (– 830 Mio $) bei Variante 5 (Alaska-Öl nur für die USA).

Bei Variante 2 (kein Raffineriezubau an der US-Ostküste) tritt der Effekt auf, daß Raffinerien an der kanadischen Ostküste gebaut werden und die Produkte werden an die US-Ostküste verschifft. Die Kosten für die US-Verbraucher steigen um 1700 Mio $/a.

Bei Variante 3 wird der Schwefelgehalt von Öl mit niedrigem Schwefelgehalt an der US-Ostküste von 0.8% auf 0.5% herabgesetzt. Die Auswirkungen sind u.a. eine Erhöhung der Verbraucherausgaben für Ölprodukte um 500 Mio $, von welchen ca. 50% auf die USA entfallen. Hingegen sinkt der Gaspreis, so daß der gesamte Effekt auf die Verbraucher gering ist.

Variante 4 (50 Mio t Alaska-Öl verfügbar) liefert das Ergebnis, daß der Großteil des Alaska-Öls nach Japan exportiert wird und nur ein Rest von 10 Mio t wird an der Westküste der USA verbraucht. Die Verbraucherausgaben in den USA sinken um 1.700 Mio $ und in der übrigen Welt um 1000 Mio $.

Bei Variante 5 (Alaska-Öl nur für die USA) wird das Alaska-Öl an die Westküste der USA und in die Golfzone geliefert. Die Auswirkungen auf Kapitalinvestitionen, Einnahmen der Rohölproduzenten und Verbraucherausgaben sind vergleichsweise gering.

Als Hauptergebnis dieser Modelluntersuchungen der Welt-Öl- und -Gasindustrie ist die verbesserte Einsicht in die Folgen hervorzuheben, welche Änderungen der Politik in einem Teil der Welt in den anderen Regionen bewirken.

Dies ist durch die starken Verflechtungen dieser Industrie im Hinblick auf die Aufbringung von Rohöl und Erdgas, Transportmöglichkeiten, Raffination und Verteilung bedingt. Eine Ausdehnung des Modells auf andere Energieträger wäre erstrebenswert.

II.2 Das IIASA-Arbeitsprogramm, nationale Energiemodelle

IIASA steht als Abkürzung von International Institute for Applied Systems Analysis. Dieses Institut ist eine gemeinsame Gründung der UdSSR und der USA. Derzeit sind 14 Staaten, darunter auch Österreich, Mitglied. Der Sitz des Institutes ist Schloß Laxenburg in der Nähe Wiens. Die Arbeiten des Institutes wurden im Jahre 1973 aufgenommen. Das Institut steht unter der Leitung von Prof. H. RAIFFA.** Als einer der Schwerpunkte der wissen-

---

*) dead-weight ton

**) bis Oktober 1975, Nachfolger ab Oktober 1975 R. LEVIEN.

schaftlichen Arbeiten ist die Behandlung von Energiesystemen vorgesehen. Leiter der Energie-projektsgruppe ist Prof. W. HÄFELE. Die Energiegruppe umfaßt derzeit 10 − 12 wissenschaft-liche Mitarbeiter aus verschiedenen Ländern.

Methodisch wird der systemtheoretische Zugang zu den Problemen gewählt − der Name des Institutes verpflichtet. D.h. es wird frühzeitig das System als Ganzes betrachtet. Es soll damit der oft aufwendige Weg über die Einzelkomponenten zur Systemerkennung ver-mieden werden.

Hinsichtlich der Energiesysteme stehen folgende Arbeitsthemen im Vordergrund:

Aufbringung fossiler und mineralischer Energieträger

Reserven an fossilen und mineralischen Energieträgern

Energiebedarf

Kernenergiewirtschaft

Nichtkonventionelle Energieträger, wie neue Reaktortypen

Sonnenenergie

geothermische Energie

und auch

Kohlevergasung

Wasserstoffwirtschaft.

Im weiteren wird den Umweltproblemen große Aufmerksamkeit geschenkt. So wird das Problem der Wärmebelastung an Stellen hoher Energieumwandlungskonzentration und die möglichen klimatischen Veränderungen behandelt. Außerdem soll das Risikoproblem (Sicherheitsproblem) der Kernkraftwerke betrachtet werden.

Vordergründig ist bei der Behandlung dieser Probleme der Modellbegriff. Die Systeme müssen auf mathematische Modelle abgebildet werden. So ist bereits die sehr bemerkenswerte Arbeit von Häfele und Manne über eine zukünftige Kernenergiewirtschaft unter dem Titel "Strategies for a Transition from Fossil to Nuclear Fuels" entstanden. Zeitmäßig wird dabei ein Zeitraum bis zum Jahre 2040 erfaßt. Dabei werden im Endstadium ca. 50% der Gesamt-energie elektrisch aufgebracht und in Kernkraftwerken erzeugt. Die anderen 50% sind Wärme-energie aus anderen Energieträgern. Berücksichtigt werden bei der Kernenergie neben den klassischen Reaktortypen auch die Brüter. In einer späteren Erweiterung soll auch der Fusions-typ behandelt werden.

Schließlich wird vom Institut laufend eine Sammlung von Energiemodellen durchge-führt. Dabei werden nur Arbeiten berücksichtigt, die nicht älter als etwa 5 Jahre sind und als nationale oder internationale Modelle (Gesamtmodelle, Sektormodelle) anzusprechen sind. Unternehmensmodelle werden nicht berücksichtigt. Die Modelle werden in sechs Klassen eingeteilt. Klassifikationskriterien sind die folgenden Merkmale:

1. Anwendungsgebiet
2. System.

Beim Anwendungsgebiet wird beachtet, ob das Modell auf Energiesysteme beschränkt ist oder ob die Einbettung in die Volkswirtschaft in stärkerem Ausmaß berücksichtigt wird. Bei den reinen Energiesystemmodellen wird auch danach unterschieden, ob eine Brennstoff-art oder mehrere berücksichtigt werden. Bei den Systemen wird nach nationalen und inter-nationalen eingeteilt.

Von jedem Modell wird eine Kurzbeschreibung angefertigt, deren Umfang ca. eine Druckseite ausmacht. Die Kurzbeschreibung wird nach folgenden Gesichtspunkten gegliedert:

1. Bibliographische Daten
2. Thema und Ziel der Arbeit
3. System, das vom Modell beschrieben wird
4. Bereich (Zeitraum, Land)
5. Modelltechnik (mathematische Verfahren)
6. Eingabedaten
7. Ausgabedaten
8. Bemerkungen.

In einem ersten Zwischenbericht (A Review of Energy Models No 1 – May 1974 by Jean Pierre Charpentier) wurden 70 Arbeiten erfaßt.

Zu den interessantesten Arbeiten, die in diesem Zwischenbericht erfaßt wurden, zählen u.a. die Modelle von Deam[1], Hoffman[2], Hutber[3], Jorgenson[4], Pyndick[5], der EDF und russische Arbeiten.

Die Arbeit von K. Hoffman weist bemerkenswerte Parallelen zu den Arbeiten Häfele-Manne auf. Es wird ebenfalls der technologische Übergang behandelt. Bei der Arbeit von Jorgenson werden volkswirtschaftliche Aspekte behandelt. Es handelt sich um ein Input/Output-Modell, wobei eine Entwicklung der Koeffizienten erfolgt. Das Modell von Hoffman ist ein statisches. Es kann auf einzelne Jahre angewendet werden.

Zur Diskussion steht eine gemeinsame Weiterentwicklung der Modelle von Häfele, Hoffman und Jorgenson, wobei an ein nationales, allgemein anwendbares Modell gedacht wird, welches langfristige Perspektiven beleuchten könnte.

Zu den vom Institut durchzuführenden Arbeiten gehört auch ein Vergleich von Modellen. Dabei werden die Ergebnisse verglichen, wenn gleiche Eingabedaten eingegeben werden und es werden Parameterläufe gemacht und Sensitivitätsstudien durchgeführt.

Zu den Aufgaben des Instituts gehört das Anreißen von Problemen, nicht unbedingt das Lösen derselben.

Es hat auch gewissermaßen die Aufgabe, als Clearingstelle für wissenschaftliche Ideen zu dienen.

Abschließend sei noch auf eine russische Veröffentlichung über nationale Modelle[6] bzw. Modellsysteme eingegangen, welche sich mit der Problematik der Energiemodelle auseinandersetzt. Demnach wird in der UdSSR nicht mit einem Modell gearbeitet, das Entscheidungen auf verschiedenen Organisationsstufen kombiniert, sondern es wird mit einer Hierarchie von Modellen gearbeitet. Im wesentlichen wird ein globales, stark aggregiertes Gesamtmodell und eine Reihe von Submodellen für die unteren Organisationsstufen verwendet. Dabei findet ein intensiver Datenaustausch zwischen den Modellen statt. Damit kommt man

---

1) Diese Arbeit ist im vorhergehenden Bericht beschrieben worden.
2) K. Hoffman, A unified planning framework for energy system planning
3) F.W. Hutber, UK National energy model 1972
4) E.A. Hudson, D.W. Jorgenson, U.S. Energy Policy and Economic Growth, 1975 – 2000
5) P.W. Mac Avoy, R.S. Pyndick, Alternative regulatory policies for dealing with the natural gas shortage
6) A.A. Makarov, L.A. Melyentyev, Main Aspects of the Optimization Theory of the Power Industry Development

trotz Unterteilung in Teilmodelle, die für sich optimiert werden, dem Gesamtoptimum in effizienter Weise näher. Da die im Abschnitt „Planungsmethodik in der Energiewirtschaft — Eine Analyse der Fachliteratur" gegebenen Ausführungen in allgemeiner Weise gelten — also auch für nationale und internationale Modelle — erübrigt sich ein weiteres Eingehen auf diese an dieser Stelle.

II.3 Ein mathematisches Planungsmodell des Kohlesektors*

Der nachstehende Bericht gibt zunächst einige Grundgedanken zur Planung wieder und behandelt anschließend die Organisation des National Coal Board und die Probleme der Deckung des Bedarfs an Kohle. Im weiteren wird die Entwicklung und der Aufbau der Deckungsmodelle beschrieben und abschließend wird ein Deckungsmodell für die kurzfristige Planung im Detail behandelt.

Planung wird in diesem Bericht versuchsweise definiert.

„Der Zweck der Planung ist der Entwurf einer wünschenswerten Zukunft und die Erkennung der Mittel, welche diese ermöglichen".

Der Planer muß Zielvorstellungen setzen und entwerfen, wie diese auf die beste Art erreicht werden, wobei die zur Verfügung stehenden Hilfsmittel zu beachten sind.

Beim Bau von mathematischen Planungsmodellen ist größter Nachdruck auf die klare Identifikation der realistischen und vergleichbaren Alternativen zu legen. Wird dies nicht getan, dann kann ein optimaler Plan recht armselig sein und die realen Möglichkeiten, welche vorhanden wären, bleiben verborgen.

Der Erfolg eines Plans hängt vom Verständnis der Leute ab, welche ihn ausführen sollen. Wenn die Leitenden den Plan nicht verstehen oder die zugrundeliegenden Prinzipien, dann fehlt ihnen die Grundlage zum Handeln, wenn Abweichungen von den Annahmen auftreten. Es sollen daher die Leitenden eng mit den Planern zusammenarbeiten. Das Planungsmodell soll für die weitere Analyse nützliche Ergebnisse liefern und den Leitenden zu einem erweiterten Verständnis des betrachteten Systems bringen.

Das Deckungsproblem

Das Planungsthema ist im weiteren die Anpassung der Kohleproduktion an die Erfordernisse des Kohlemarkts.

Der National Coal Board ist verantwortlich für die Führung von 300 Kohlegruben in Großbritannien. Die genauere Führung wird von der Zentrale auf 17 Distrikte delegiert, von welchen 10 bis 30 Gruben geleitet werden. Größere Grubeninvestitionen und Grubenschließungen, Arbeitskräfterekrutierung, Lohnverhandlungen, Mechanisierungspolitik werden zentral geleitet. Es muß beachtet werden, daß die Erschließung neuer Flöze 2 bis 3 Jahre vor Anfang der Förderung beginnen muß. Nachdem die Kohlegruben sich erschöpfen, müssen fortlaufend neue Lager gesucht werden, damit die Produktionskapazität aufrechterhalten werden kann. Der Planungshorizont liegt hier ca. 5 Jahre entfernt.

---

*) Nach National Coal Board, Operational Research Executive, The Optimal Matching of Run-of-Mine Output from Collieries to Market Requirements, Symposium on Mathematical and Econometric Models in the Energy Sectors, Alma Ata, USSR, Sep. 1973, Report 32.

Das Land ist in 8 Verkaufsregionen für Kohle unterteilt. Ca. 50% der Produktion gehen in die Elektrizitätswirtschaft, ca. 20% dienen für Koksherstellung, ca. 15% gehen in den Haushalt, ca. 15% gehen in die Industrie.

Kurzfristig kann vernünftig genau Menge und Qualität benötigter Kohle prognostiziert werden. Kohle steht aber im Wettbewerb mit Öl und Erdgas und es müssen Handlungen gesetzt werden, welche den Bedarf über längere Zeiträume beeinflussen. Es besteht daher eine grundlegende Unsicherheit bei der Vorhersage des künftigen Bedarfs, was die Deckung in der Praxis stark beeinflußt.

Nachdem es schwierig ist, sehr genau den Bedarf zu schätzen, ist es schwierig, sehr genau die Kohlelieferungen für die Bedarfsdeckung zu planen.

Bei Betrachtung der zukünftigen Bedarfsdeckung ist es das Ziel, die Kohle zu liefern, welche der Markt fordert und die eigene finanzielle Basis nicht zu gefährden, sowohl kurzfristig als auch langfristig.

Es sind Entscheidungen im voraus zu treffen, über das Produktionsniveau (möglichst jeder Grube) und welche Grube welchen Markt versorgen soll. Wegen der Unsicherheit von Bedarf und Aufbringung ist es schwierig, Entscheidungen zu treffen, welche einen ausführbaren Entwurf sichern. Es ist bereits schwierig zu entscheiden, welches Gesamt-Produktionsniveau in 5 Jahren angestrebt werden soll.

Die Erfordernis, effizient zu arbeiten – in einer Wettbewerbswirtschaft kann dies in das Ziel, die Größe der Industrie zu maximieren, umgedeutet werden – verlangt, daß gut detaillierte Lösungen gefunden werden müssen, um knappe Ressourcen zuzuteilen. Es bestehen komplizierte Wechselwirkungen, da jede Grube mit den anderen in Wettbewerb und Kooperation in bezug auf Kapital, Arbeitskraft und Absatz steht. Dies sei am Absatz erläutert: Das kooperative Element besteht darin, daß jede Grube verschiedene Größen für verschiedene Abnehmer erzeugt. Die Fähigkeit, einen Markt zu versorgen, beruht auf der gemeinsamen Leistung mehrerer Gruben. Das Wettbewerbselement beruht darauf, daß Gruben oft eng benachbart sind und Expansion bei der einen, nachteilige Folgen bei der anderen nach sich ziehen kann.

Das erste Deckungsmodell

Die Problemstellung sieht klassisch aus und ein lineares Optimierungsmodell für die Überprüfung der Produktions- und Bedarfsalternativen erschien zweckmäßig. Um das Verständnis für die heutigen Modelle zu erleichtern, ist es erforderlich, das frühere Deckungsmodell zu beschreiben.

Das erste Modell wurde umfassend konzipiert und berücksichtigte auch Faktoren bis zur Kohleseite. Bis zu 60 Kohlegruben wurden über einen Zeitraum von 5 Jahren berücksichtigt, wobei in Jahresschritten vorgegangen wird. Folgende Hilfsquellen und Beschränkungen wurden berücksichtigt:

Kohlegruben	Produktionskapazität
	Stabskapazität
	Arbeitskräfteverfügbarkeit
Kohleaufbereitung	Gesamte Anlagenkapazität
	Kapazitäten von einzelnen Systemelementen
	Erzeugbare Kohlequalität

Markt   Gesamter Bedarf

Bedarf einzelner Märkte

Qualitätsanforderungen (z.B. Asche- und

Schwefelgehalt).

In den Spalten der Modellmatrix stehen die einzelnen Variablen, das sind die möglichen Kohlemengen, die in jeder Grube erzeugt werden können und die Kohlemengen, gewaschen oder nicht behandelt, die von den Gruben auf den Markt gebracht werden.

Die zeilenweisen Einschränkungen sind Produktions- und andere Kapazitäten, der Bedarf und die Qualitätsanforderungen des Markts.

Die Zielfunktion, die maximiert wird, ist der marginale Gewinn, definiert als Differenz von geschätzten Einnahmen und den variablen Kosten von Abbau, Aufbereitung und Transport der Kohle.

Beträchtliche Geschicklichkeit ist für die Formulierung eines solchen linearen Modells erforderlich, damit es realistische Lösungen liefert. Es sind auch bei verschiedenen Variablen nur ganzzahlige Lösungen möglich (Kennzahl 0 oder 1 für geschlossene oder offene Grube, eine einmal geschlossene Grube kann nachfolgend nicht mehr offen sein).

Das Modell umfaßt bis 1000 Variable und mehrere hundert Nebenbedingungen.

In der Praxis hat das erste mit großem Aufwand entwickelte Modell nicht den in es gesetzten Erwartungen entsprochen. Zwei Gründe sind dafür entscheidend:

1. Die Eingabedaten müssen fortlaufend auf den letzten Stand gebracht werden.

2. Entscheidungen sehr verschiedener Größenordnung werden zur gleichen Zeit mit einem solchen Modell betrachtet.

Es ist unbedingt erforderlich bei der Behandlung solcher umfangreicher Modelle, daß die Eingabedaten immer auf dem letzten Stand sind. Dies bedeutet, daß in dieser Richtung große Anstrengungen gemacht werden müssen. Prinzipiell wichtiger ist aber die Frage nach der Gültigkeit von Lösungen. Welchen Wert haben Pläne, welche sich über mehrere Jahre erstrecken, wenn die zugrundeliegenden Daten sich innerhalb Monatsfrist ändern? Es gibt darauf keine vollständige und einfache Antwort. Es ist nützlich, nach Lösungen zu suchen, welche stabil sind und eine gute Deckung über eine Folge von Schätzungen liefern. Es müssen viele Läufe unter Abänderung der Parameter durchgeführt und die sensitiven Variablen herausgefunden werden.

In dem Modell werden Entscheidungen verschiedener Größenordnung gemeinschaftlich betrachtet. Zum Beispiel wird das Schließen einer Grube, welches ein größeres Ereignis ist, und die Erzeugung einer bestimmten Kohlequalität zur gleichen Zeit betrachtet. Es wird anerkannt, daß eine gute Lösung des untergeordneten Problems (Kohlemischung) von einer guten Lösung des größeren Problems (Investition, Schließung) abhängt. Das umgekehrte gilt jedoch nicht allgemein.

Es wurde die Erkenntnis gewonnen, daß noch viele Forschungsarbeit aufgewendet werden muß, bevor diese Anwendung großer linearer Modelle weiter erfolgt.

Das Problem wurde seither in anderer Art angepackt. Entscheidungen, die Änderungen verursachen, wurden nach der Größe von Einnahmen und Kosten, die sie verursachen, bewertet. Jeder Punkt, wie Umsatz, Produktion, Aufbereitung der Kohle und Transport wird nach seiner Bedeutung eingestuft.

Eine Hierarchie von Modellen wurde konstruiert, bei welcher Entscheidungen vergleichbarer Größenordnung zusammengefaßt werden, wobei bei den wichtigsten Entscheidungen begonnen wird (Grubenerweiterung und -schließung) und schrittweise zu den detaillierteren kurzfristigen Entscheidungen (Transportrouten) übergegangen wird.

Dieser Prozeß ist klarerweise suboptimal. Dabei ist es schwierig zu sagen, wie weit die Pläne vom erreichbaren Optimum entfernt sind. Theoretisch könnten Gelegenheiten für höhere Einnahmen übersehen werden und es besteht Gefahr, daß eine schlechte Politik fortgesetzt wird, um ein „realistisches" Modell zu bauen.

Der Hauptvorteil ist jedoch, daß die Modelle den Ebenen der Managementstruktur der Organisation des Boards entsprechen.

Nachfolgend wird ein Modell aus dieser Hierarchie beschrieben.

Ein Deckungsmodell für kurzfristige Untersuchungen

Kurzfristig, bis etwa 18 Monate voraus, steht das allgemeine Niveau von Markt und Produktion fest. Es gibt jedoch Alternativen wie die dem Markt entsprechenden Produkte von den Gruben in gegebenen Orten hergestellt werden können.

Ferner ist es unmöglich, genau vorherzusagen, welche tatsächlichen Mengen und Qualitäten von den Gruben hergestellt werden oder was der tatsächliche Bedarf sein wird, da beide naturbedingt Schwankungen unterliegen, welche als zufällig zu betrachten sind.

Daher muß das mathematische Modell Antwort geben, was die optimale Vorgangsweise unter irgendwelchen besonderen (erwarteten) Umständen ist und es soll Regeln liefern, wie bei Abweichungen von den erwarteten Umständen optimal vorzugehen ist. Das lineare Optimierungsmodell liefert dem Leitenden, der für die gute Anpassung von Bedarf und Aufbringung verantwortlich ist, nützliche Informationen. Eine typische Anwendung des Modells ist die Zuteilung von einzelnen Kohlearten zu einer Mischungsanlage oder von einer Anzahl von Kohlegruben zu einer zentralen Mischungsanlage.

In diesem linearen Optimierungsmodell wird angenommen, daß die Rohkohle in einer Aufbereitungsanlage in mehrere Komponenten aufgeteilt wird. Die Variablen t_{ij} stehen für die Kohlemengen. Der Index i weist auf die Sorte und der Index j auf den Markt hin. Für jede Kohle gibt es eine obere Mengenbegrenzung T_i und einen Bedarf T_j für jeden Markt. Verschiedene Beschränkungen in bezug auf die Qualität können angewendet werden, wie z.B. Aschegehalt, Schwefelgehalt und etwa die Anteile irgendwelcher Sorten in einer Mischung. Ist p_j der Preis, welcher auf dem Markt j erzielt werden kann, dann gilt folgendes lineares Optimierungsmodell:

$$\sum_j p_j \left(\sum_i t_{ij} \right) = \text{Maximum !} \tag{1}$$

und

$$\sum_j t_{ij} \leqslant T_i \tag{2}$$

$$\sum_i t_{ij} \leqslant T_j \tag{3}$$

$$\frac{\sum_i a_i t_{ij}}{\sum_i t_{ij}} \leqslant A_j \quad . \tag{4}$$

(4) kann auch geschrieben werden

$$\sum_i (a_i - A_j) \cdot t_{ij} \leqslant 0 \quad .$$ (4')

Dabei bedeutet a_i den Aschegehalt der Kohle und A_j ist die Aschengrenze für den Markt j. Weitere Beschränkungen in bezug auf die Qualität können noch aufgestellt werden.
Dieses lineare Optimierungsmodell kann mit Hilfe einschlägiger Verfahren aufgelöst werden.
Die Preisfestsetzung einer Kohlesorte oder einer Mischung erfolgt nach der Qualität. Es existiert ein bestimmtes Preisgefüge, welches die Kohlequalitäten entsprechend ihrem Verwendungswert für die Kunden in Beziehung setzt. Innerhalb des allgemeinen Preisniveaus kostet Kohle höherer Qualität den Kunden mehr entsprechend ihrem besonderen Wert für den Kunden. Zum Beispiel richtet sich bei Industriekunden der Preis nach dem Heizwert, d.h. er ist diesem proportional.
Preisabstufungen können in bezug auf den Asche- und Schwefelgehalt gemacht werden. Dabei ist der Heizwertverlust von geringerer Bedeutung. Asche und Schwefel verursachen den Kunden gewisse Nachteile und entsprechende Kosten für deren Beseitigung. Diese Extrakosten werden bei der Preisabstufung in gewisser Relation berücksichtigt. Die Preis-Qualitätsbeziehung innerhalb des Preisgefüges ist linear für Industriekohle und von der Form

$$p = p_1 \cdot \text{Heizwert} - p_2 \cdot \text{Aschegehalt} - p_3 \cdot \text{Schwefelgehalt} \quad .$$

Dabei ist der Preis einer Kohle i für den Markt j

$$p_j = \frac{p_1 \cdot \sum_i c_i t_{ij}}{\sum_i t_{ij}} - \frac{p_2 \cdot \sum_i a_i t_{ij}}{\sum_i t_{ij}} - \frac{p_3 \cdot \sum_i s_i t_{ij}}{\sum_i t_{ij}} \quad .$$

Die Zielfunktion des Optimierungsmodells lautet daher modifiziert

$$\sum_j (p_1 \cdot \sum_i c_i t_{ij} - p_2 \cdot \sum_i a_i t_{ij} - p_3 \cdot \sum_i s_i t_{ij}) = \text{Maximum !} \quad .$$ (1')

Tatsächlich wird eine etwas kompliziertere Form benützt, denn die Preisstruktur ist eher stückweise linear als kontinuierlich. Das Prinzip bleibt aber gleich.
Die Verwendung von „Gebrauchswertpreisen" modifiziert die Zielsetzung des Modells. Es handelt sich nicht mehr um eine Maximierung von Einnahmen, sondern um die Maximierung des Gesamtwerts für den Markt unter der Annahme eines festen Inputs aus den Kohlegruben. Letztlich geht es um die Maximierung des nützlichen Ausstoßes von kohlenstoffhältigem Material aus der Grubenproduktion.
Mit einem Modell dieser Art kann ein Bereich von Fragen untersucht werden. Die relative Wirtschaftlichkeit von alternativen Wegen wie die Kohlenströme aus einer oder mehreren Gruben in Komponenten aufgeteilt, behandelt (gewaschen) und dann wieder gemischt werden sollen, damit der Wert der erzeugten Kohle maximiert wird, kann festgestellt werden. Eine häufige Frage ist, ob eine bestimmte Kohle gewaschen werden soll. Die genaue Antwort hängt von vielen Faktoren ab.

Bei solchen Fragen hängt die beste Lösung von den Parametern in einer gegebenen Situation ab und es sollte das angepaßte Modell zu der Fragestellung gebaut werden. Eine besonders nützliche Anwendung bezieht sich auf die Frage der Überprüfung der Wirtschaftlichkeit der Anreicherung von Waschprodukten mit geringem Kohlenstoffgehalt, welche allein nicht genügende Marktqualität aufweisen.

Üblicherweise braucht es etwa 2 bis 3 Wochen, um ein Modell dieser Art aufzubauen und ein Problem zu analysieren. Jeder wesentliche Wechsel von Daten erfordert in einem gewissen Ausmaß eine Ummodellierung. Damit ist eine on-line Kontrolle des Mischvorganges nicht möglich. Die beste Art der Kontrolle wird vom zuständigen Verkaufsleiter ausgeübt.

Der wirkliche Nutzen dieser Modelle besteht darin, daß dem Leiter für passende Entscheidungen bei der Behandlung betrieblicher Änderungen Unterstützung gegeben wird. Der relativ kleine Umfang der Modelle ermöglicht die Analyse der optimalen Handlungsweise bei wechselnder Verfügbarkeit und Qualität, soweit sie im voraus überblickbar sind. In vielen Fällen bekommen ein oder zwei Beschränkungen größere Bedeutung und müssen besonders untersucht werden. Der Aufwand für Parameterläufe und für die Analyse der Ergebnisse ist erträglich und liefert das Gerüst für die praktische Managementkontrolle.

II.4 Planung der Rohölverarbeitung in Raffinerien mit Hilfe der Linearen Programmierung* (von M. Meyer und H. Steinmann, Universität Erlangen-Nürnberg)

II.4.1 Entwicklungsstand

Schon frühzeitig wurde die Lineare Programmierung (LP) eingesetzt, um optimale Produktionsentscheidungen für Erdölraffinerien vorzubereiten. SYMONDS legte 1955 eine erste größere Untersuchung dieser Art vor. Seitdem ist die Entwicklung so schnell vorangeschritten, daß heute viele Mineralölkonzerne Raffinerie-Modelle auf der Basis von LP-Ansätzen aufgebaut haben und routinemäßig als Entscheidungsmodelle benutzen. Allerdings ist der Zugang zu diesen Planungsunterlagen aus Konkurrenzgründen schwierig[1]. Immerhin gibt es Informationen über den Zweck, den Umfang und die Anwendungshäufigkeiten dieser sogenannten Unternehmensplanungsmodelle[2]. Danach werden heute mit Hilfe von LP-Modellen insbesondere Entscheidungen vorbereitet, die
- die Rohölbeschaffung,
- die Fahrweise aller Anlagen (z.B. aller Raffinerien eines Landes oder aller Raffinerien Europas) und
- die Zuordnung von Anlagen zu Abnehmern

betreffen. Ein einzelnes Modell kann dabei aus bis zu 5000 Variablen und bis zu 2000 linearen Gleichungen bzw. Ungleichungen bestehen. Auf einem Rechner der Größe einer IBM 370-155

*) Überarbeitete Fassung des § 18: „Planung der Rohölverarbeitung" in: MEYER, M. und STEINMANN, H.: Planungsmodelle für die Grundstoffindustrie, Physica-Verlag, Würzburg-Wien | 1971, S. 394 ff.|
1) Auf eine große Zahl von betriebsinternen, unveröffentlichten Arbeiten der Esso-AG nimmt KÖNIG |1968, S. 310| Bezug. Vgl. auch KÖHLER [1967].
2) Vgl. STEINECKE, SEIFERT und OHSE [1973, S. 205 ff.] sowie KAACK [1974, S. B-149 ff.] für Texaco, ferner HOLLOWAY und JONES |1975| für Gulf Oil.

(240K) wird seine Optimallösung in ca. 40 min. CPU-Zeit erzielt. Sie wird meist mit Hilfe sogenannter Reportgeneratoren in spezifischer Form und automatisch für die verschiedensten betroffenen Funktionsbereiche, vom Vorstand bis zur Distribution aufbereitet. Die Modellanwendungen erfolgen schon seit Jahren in monatlichen bis vierteljährlichen Abständen; bei plötzlichen Änderungen von Eingabedaten, z.B. von Rohölpreisen oder Preisen für Fertigprodukte, auch fallweise. Datenlieferanten, wie Rechnungswesen und Produktionsabteilungen, sind organisatorisch und sachlich derart auf die Modelle hin orientiert, daß diese mit Hilfe der benötigten Daten sowie durch Einschaltung von Matrixgeneratoren für jeden Rechenlauf nahezu automatisch generiert werden können. Der Entwicklungsaufwand kann für ein solches System 15 Mannjahre betragen; mit seiner Betreuung sind laufen 2 bis 3 Personen beschäftigt.

Die nachfolgenden Ausführungen werden diese Aspekte der Planung der Rohölverarbeitung nun nicht weiter vertiefen. Vielmehr geht es dort um die Darstellung des Planungskerns, d.h. um die Frage, wie die Technologie einer Raffinerie und die Zielvorstellungen der Unternehmensleitung mit Hilfe eines Modells der Linearen Programmierung abgebildet werden können. Dabei setzen wir die Kenntnis der Methodik und der Rechenverfahren der Linearen Programmierung voraus[3].

II.4.2 Modellteile zur Abbildung der Raffinerie-Technologie

II.4.2.1 Flüsse in Leitungssystemen

Der Verfahrensstammbaum einer Raffinerie läßt sich allgemein als ein Netz aus Rohrleitungen mit Verzweigungsknoten aus speziellen Verarbeitungseinheiten und aus Mischungseinrichtungen auffassen. Diese drei Elemente einer Raffinerie-Technologie erfordern jeweils besondere modelltheoretische Überlegungen.

Bezeichnet man etwa mit x_{ij} die (unbekannte, zu planende) Menge eines Produktes, die in einer Leitung vom Knoten i zum nachgeschalteten Knoten j fließt, so kann die technologisch bedingte Verknüpfung einzelner Knoten des Netzes mit Hilfe der folgenden Beziehungen allgemein abgebildet werden[4]:

$$\sum_{i\in M_j} x_{ij} - \sum_{i\in N_j} x_{ji} = 0 \qquad (j = 1,2,...f) \qquad (1)$$

Hierin enthält M_j die Indizes aller Knoten, die in j einspeisen, während N_j die Indizes aller Knoten umfaßt, die von j beliefert werden. (1) ist damit eine Mengenbilanz für den Knoten j; die Dimension der Mengen kann z.B. in [m³ pro Planungsperiode] oder [t pro Planungsperiode] angegeben werden.

Erfolgt in einem Knoten die Aufspaltung eines Mengenstroms in mehrere Komponenten im Rahmen einer Kuppelproduktion, so treten an die Stelle von (1) andere Bedingungen. Beispielsweise möge im Falle vollkommener Kuppelproduktion in einem Aggregat Nr. 2 (Abb. 1)

---

3) Eine auch zum Selbststudium geeignete Einführung findet man bei MEYER, HANSEN und ROHDE [1973].

4) Man kann die Indizierung der Variablen x natürlich auch so vornehmen, daß alle auftretenden Ströme und nicht die Knoten durchnumeriert werden. Dazu werden wir später übergehen.

die Aufgabemenge x_{12} Mengeneinheiten betragen.

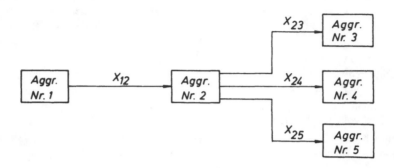

Abb. 1: Zur Abbildung der Mengenströme bei vollkommener Kuppelproduktion

Die Aufspaltung erfolge in drei Komponenten im unveränderlichen Mengenverhältnis a_{23} zu a_{24} zu a_{25}, wobei

$$a_{23} + a_{24} + a_{25} = 1 \quad .$$

Dann gilt für die vom Aggregat Nr. 2 ausgebrachten Mengen:

$$x_{23} = a_{23}\, x_{12}$$

$$x_{24} = a_{24}\, x_{12}$$

$$x_{25} = a_{25}\, x_{12} \quad .$$

Allgemein gilt für eine Aufgabemenge x_{ij} also:

$$a_{j,j+p}\, x_{ij} - x_{j,j+p} = 0 \qquad (p = 1,2, \dots g) \qquad , \qquad (2)$$

wobei p zur Kennzeichnung der Komponenten dient, die beim Verarbeitungsprozeß (im jeweiligen Knoten j) anfallen.

Viele Aggregate können im Rahmen einer unvollkommenen Kuppelproduktion aber auch so gefahren werden, daß die Output-Komponenten bei einem Verarbeitungsprozeß I in einem anderen Mengenverhältnis auftreten als bei einem Verarbeitungsprozeß II oder III. Bei einem Aggregat Nr. 2 (Abb. 2) mögen die ausgebrachten Komponenten bezüglich des Prozesses I im Verhältnis a'_{23}, a'_{24} und a'_{25} anfallen und bezüglich des Prozesses II im Verhältnis a''_{23}, a''_{24} und a''_{25}. Dabei gilt wieder:

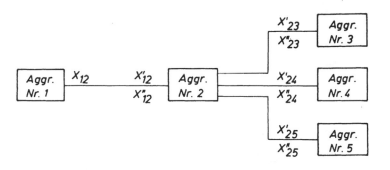

Abb. 2: Zur Abbildung der Mengenströme bei unvollkommener Kuppelproduktion

$$a'_{23} + a'_{24} + a'_{25} = 1$$

$$a''_{23} + a''_{24} + a''_{25} = 1 \quad .$$

Dann ist der Mengenstrom zum Aggregat Nr. 2 und aus ihm heraus durch folgendes Gleichungssystem zu beschreiben:

$$x_{12} - x'_{12} - x''_{12} = 0$$

$$a'_{23} x'_{12} - x'_{23} = 0$$

$$a''_{23} x''_{12} - x''_{23} = 0$$

$$a'_{24} x'_{12} - x'_{24} = 0$$

$$a''_{24} x''_{12} - x''_{24} = 0$$

$$a'_{25} x'_{12} - x'_{25} = 0$$

$$a''_{25} x''_{12} - x''_{25} = 0 \quad .$$

Für eine Aufgabemenge x_{ij}, die auf verschiedene Weisen in einem Aggregat verarbeitet werden kann, gilt allgemein:

$$x_{ij} - \sum_q x_{ij}^q = 0 \qquad\qquad (3)$$

und

$$a^q_{j,j+p}\, x^q_{ij} - x^q_{j,j+p} = 0 \qquad (\forall\, q,p) \quad , \qquad\qquad (4)$$

wobei der Index q die unterschiedlichen Verarbeitungsprozesse oder Fahrweisen in einem Aggregat kennzeichnet.

Für eine Reihe von Knoten und Leitungen sind Kapazitätsbeschränkungen zu berücksichtigen, was durch folgende Bedingung möglich ist:

$$\sum_{i \in M_j} x_{ij} \leqslant d_j \quad . \qquad\qquad (5)$$

Darin sind d_j die vorgegebenen technischen Kapazitäten. Vom Markt her bestimmte Absatzbeschränkungen können ebenfalls als Kapazitätsbedingungen gedeutet und gemäß (5) berücksichtigt werden. Sofern Lieferverträge vorhanden sind, müssen weitere dem System (5) analoge Beziehungen berücksichtigt werden, in denen lediglich das Ungleichheitszeichen umgekehrt oder das Gleichheitszeichen eingeführt werden muß.

Wenn aber bei einer Anlage j zwischen mehreren Fahrweisen q zu wählen und die Kapazität dieser Anlage eine Funktion der jeweils realisierten Fahrweise ist, so gilt Beziehung (5) nicht. Vielmehr ist anstelle der variablen Kapazität der konstante Zeitraum t_j zu betrachten, in dem die Anlage j während des Zeitraums, auf den sich die Planung beziehen soll, betrieben werden kann. Mit x^q_{ij} als dem Durchsatz der Anlage j während des Bezugszeitraums bei Realisierung der Fahrweise q und mit b^q_{ij} als der Zeitspanne, in der bei der Fahrweise q eine Mengeneinheit des durch ij gekennzeichneten Stroms von der Anlage j durchgesetzt wird, ergibt sich dann

$$\sum_q b^q_{ij}\, x^q_{ij} \leqslant t_j \qquad\qquad (6)$$

als Kapazitätsbedingung.

II.4.2.2 Besondere Produktionsanlagen

Mit den Beziehungen (1) bis (6) können neben reinen Leitungssystemen ohne weiteres auch bestimmte Produktionsanlagen einer Raffinerie, z.B. die Top-Destillation, als Modellbestandteile abgebildet werden. Besonderheiten ergeben sich jedoch, wenn in Produktionsanlagen, etwa in einem Reformer, Fahrweisen stufenlos variiert werden können. Dies ist darauf zurückzuführen, daß physikalische Einflußgrößen, wie Druck, Temperatur und Katalysatorzugabe durch Regeleinrichtungen kontinuierlich verändert werden können. Drückt man nun unterschiedliche Fahrweisen durch die relevanten physikalischen Parameter aus, so kann man für den einfachsten Fall einer einparametrigen Variation beispielsweise zu dem linear approximierten Output-Verlauf der Abb. 3 kommen[5].

Durch geeignete Bedingungen ist hier dafür zu sorgen, daß in einer Modellösung nur Linearkombinationen solcher Abszissenwerte auftreten, die benachbarten Knickstellen der Abb. 3 entsprechen (ausgezogener Linienzug); andernfalls wäre die lineare Approximation der Outputfunktion nicht gewährleistet (z.B. gestrichelter Linienzug). Diese Nebenbedingungen lauten (unter Vernachlässigung der Verknüpfungen mit dem Gesamtmodell der Raffinerie):

---

5) Vgl. dazu auch KOENIG [1964, S. 732, Zahlentafel 1]

- 35 -

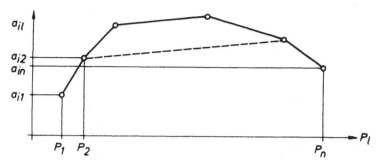

Abb. 3: Output $a_{i\varrho}$ des Produktes i je Mengeneinheit des Inputs in Abhängigkeit von der Fahrweise P_ϱ einer Verarbeitungsanlage

$$a_{i1}\, x_1 + a_{i2}\, x_2 + a_{i2}\, x_2^* + a_{i3}\, x_3 + a_{i3}\, x_3^* + ... + a_{i,n-1}\, x_{n-1} +$$

$$+ a_{i,n-1}\, x_{n-1}^* + a_{in}\, x_n = z_i \qquad (7)$$

$$x_1 + x_2 \leqslant y_1\, K_1$$

$$x_2^* + x_3 \leqslant y_2\, K_2$$

$$x_3^* + x_4 \leqslant y_3\, K_3 \qquad (8)$$

$$\cdot \quad \cdot \quad \cdot$$
$$\cdot \quad \cdot \quad \cdot$$
$$\cdot \quad \cdot \quad \cdot$$

$$x_{n-1}^* + x_n \leqslant y_{n-1}\, K_{n-1}$$

$$\sum_{\varrho=1}^{n-1} y_\varrho \leqslant 1 \qquad (9)$$

$$x_\varrho : \; x_\varrho^* \geqslant 0 ; \qquad\qquad y_\varrho \geqslant 0, \text{ganzzahlig} \qquad (10)$$

Die neben $a_{i\varrho}$ (siehe Abb. 3) verwendeten Symbole bedeuten:

x_ϱ, x_ϱ^* Menge eines Einsatzmaterials, das nach der Fahrweise ℓ verarbeitet wird;

$$y_\varrho = \begin{cases} 1, \text{wenn eine Fahrweise im Bereich ℓ bis ℓ + 1 realisiert wird} \\ 0 \text{ sonst}; \end{cases}$$

z_i — Menge des Produktes i, das in der betrachteten Anlage erzeugt wird (je nach Problemstellung Datum oder Variable);

K_ℓ — Kapazität der betrachteten Anlage bei einer Fahrweise im Bereich ℓ bis $\ell + 1$.

Die Problematik des Modellteils (7) bis (10) liegt natürlich in der Forderung nach Ganzzahligkeit der y_ℓ. Diese ist in praxisrelevanten Aufgabengrößen derzeit noch immer nicht zu erreichen.

Eine weitere produktionstechnische Besonderheit ergibt sich aus der Eigenart des raffinerietypischen Alkylierungsprozesses. Bei diesem Prozeß wird in einem Reaktor aus den leichten Kohlenwasserstoffen Isobutan und Olefin unter Zugabe von Schwefel- oder Flußsäure als Katalysator ein Gemisch von schwereren Kohlenwasserstoffen (Alkylat) erzeugt, das als wesentlichen Bestandteil Isooktan enthält. Dieses Isooktan begründet die besondere Klopffestigkeit des Alkylats und seine Eignung für Hochleistungsmotoren.

Der Alkylierungsprozeß wird durch Abb. 4 schematisch wiedergegeben.

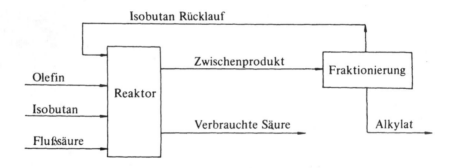

Abb. 4: Vereinfachtes Flußdiagramm des Alkylierungsprozesses (nach BRACKEN und McCORMICK [1968, S. 38])

Für seine Abbildung auf ein Modell der mathematischen Programmierung[6] werden die folgenden Variablen definiert (wiederum ohne Bezugnahme auf das Gesamtmodell):

x_1 — Olefin-Input [barrels/Tag];
x_2 — Isobutanrücklauf [barrels/Tag];
x_3 — Säurezusatz mit einer Konzentration von 98% [1000 pounds/Tag];
x_4 — Alkylat-Output [barrels/Tag];

6) Dazu BRACKEN und McCORMICK [1968, S. 37ff.] sowie SAUER, COLVILLE und BURWICK [1964].

x_5 – Isobutan-Input [barrels/Tag];

x_6 – Säurekonzentration [Gewichtsprozent];

x_7 -- Motoroktanzahl [dimensionslos];

x_8 – Isobutan/Olefin-Verhältnis des Inputs [dimensionslos];

x_9 – Säureverwässerungsfaktor [dimensionslos];

x_{10} – Leistungszahl, z.B. ermittelt nach dem F-4-Überlade-Verfahren der American Society for Testing Materials[7] [dimensionslos].

Abgesehen von hier vernachlässigten Nebenbedingungen für im Rahmen eines Gesamtmodells auftretende Ober- und Untergrenzen der Variablen x_1 bis x_5 erfordert die mathematische Darstellung des Alkylierungsprozesses die folgenden Beschränkungen.

Der Alkylat-Output, x_4, ist eine Funktion des Olefin-Inputs, x_1, und des Isobutan/Olefin-Verhältnisses des Inputs. Die nichtlineare Regressionsbeziehung

$$x_4 = x_1(1,12 + 0,13167x_8 - 0,00667x_8^2) \qquad (11)$$

gilt für eine Reaktortemperatur von $17^O - 32^OC$ ($80^O - 90^OF$) und eine Konzentration der verwendeten Flußsäure von 85% – 93% im Reaktor[8].

In (11) gilt als Definitionsbeziehung für x_8

$$x_8 = \frac{x_2 + x_5}{x_1} \qquad . \qquad (12)$$

Der Isobutan-Input, x_5, ergibt sich aus dem volumetrischen Reaktionsgleichgewicht

$$x_4 = x_1 + x_5 - 0,22x_4$$

zu

$$x_5 = 1,22x_4 - x_1 \qquad , \qquad (13)$$

wobei der Faktor 0,22 die Volumenverminderung, bezogen auf den Alkylat-Output, darstellt, die infolge der ablaufenden chemischen Reaktionen eintritt.

Die Säurekonzentration, x_6, läßt sich aus einer Beziehung bestimmen, in der der Säurezusatz, x_3, als Funktion des erzeugten Alkylats, x_4, des Säureverwässerungsfaktors, x_9, und der Säurekonzentration, x_6, erscheint:

$$1000x_3 = \frac{x_4 \, x_9 \, x_6}{98 - x_6} \qquad . \qquad (14)$$

Die Motoroktanzahl, x_7, ist eine Funktion des Isobutan/Olefin-Verhältnisses, x_8, und der Säurekonzentration, x_6:

$$x_7 = 86,35 + 1,098x_8 - 0,38x_8^2 + 0,325(x_6 - 89) \qquad . \qquad (15)$$

---

7) Vgl. Verein Hütte [1955, S. 1253 und Tafel 10, S. 1255].

8) Vgl. SAUER, COLVILLE und BURWICK [1964] sowie PAYNE [1958] für die funktionalen Zusammenhänge im Modell von BRACKEN und McCORMICK [1968].

(15) gilt unter den gleichen Prämissen wie (11).

Für die Kennzeichnung der Qualität des erzeugten Alkylats werden die F-4-Leistungs-zahl, x_{10}, und die Motoroktanzahl, x_7, benutzt. Die linearen Regressionsbeziehungen (16) und (17) approximieren die Abhängigkeiten zwischen diesen beiden Größen und zwischen Säureverwässerungsfaktor, x_9, und der F-4-Leistungszahl, x_{10}.

$$x_{10} = -133 + x_7 \tag{16}$$

$$x_9 = 35{,}82 - 0{,}222 x_{10} \quad . \tag{17}$$

Die Bedingungen (11) bis (17) müssen erfüllt sein, damit das chemische Gleichgewicht des Alkylierungsprozesses gewahrt ist. Aus dem gleichen Grunde müssen die Werte der abhängigen Variablen x_6 bis x_{10} in Grenzen bleiben, die durch folgende Ungleichungen zum Ausdruck kommen:

$$85 \leqslant x_6 \leqslant 93$$

$$90 \leqslant x_7 \leqslant 95$$

$$3 \leqslant x_8 \leqslant 12 \tag{18}$$

$$1{,}2 \leqslant x_9 \leqslant 4$$

$$145 \leqslant x_{10} \leqslant 162 \quad .$$

Als Zielfunktion wäre bei isolierter Betrachtung für das aus (11) bis (18) bestehende Teilmodell eines umfassenden Raffineriemodells

$$z = c_4\, x_4\, x_7 - c_1\, x_1 - c_2\, x_2 - c_3\, x_3 - c_5\, x_5 \rightarrow \max ! \tag{19}$$

einzuführen. Darin sind:

c_1 — Kosten des Olefin-Inputs [GE/barrel];
c_2 — Kosten für Isobutan im Rücklauf [GE/barrel];
c_3 — Kosten des Säurezusatzes [GE/1000 pounds];
c_4 — Erlös für Alkylate [GE/Oktan-barrel];
c_5 — Kosten des Isobutan-Inputs [GE/barrel].

Die Problematik einer Bestimmung der innerbetrieblichen Verrechnungspreise c_1, c_2 und c_5 würde im Rahmen eines Gesamtmodells der Raffinerie zurücktreten, weil dann allein eine im Markt objektivierbare Bewertung des Rohöl-Inputs erforderlich wäre.

Da mehrere der Nebenbedingungen für den Alkylierungsprozeß mit Hilfe von Regressionsanalysen bestimmt wurden, schlagen BRACKEN und McCORMICK vor, Schwankungsbereiche für die betroffenen Variablen zuzulassen. Für (11) erhielte man dann etwa:

$$x_4 \, d_u \leqslant x_1 (1,12 + 0,13167 x_8 - 0,00667 x_8^2) \leqslant x_4 \, d_0$$

mit d_u bzw. d_0 als den zulässigen Änderungsfaktoren für x_4 (z.B. $d_u = 0,9$; $d_0 = 1,1$).

Zur Lösung des Modells (11) bis (19) sehen BRACKEN und McCORMICK einen speziellen Algorithmus der Nichtlinearen Programmierung vor[9]. SAUER, COLVILLE und BURWICK [1964] reduzieren das nichtlineare Problem auf eine Folge sukzessiv zu lösender LP-Probleme, indem sie im Rahmen des technisch relevanten Bereichs bei jedem Lösungsschritt Werte für diejenigen Variablen vorgeben, die die Nichtlinearitäten des Modells bedingen (multiplikative Glieder)[10].

II.4.2.3 Herstellung von Mischungen

Die Veränderung der Fahrweisen von Produktionsaggregaten beeinflußt zwar primär die Mengenrelationen der Outputkomponenten von Kuppelprodukten. Indem man aber speziell auf die Ausbringung einer der Komponenten abstellt, kann eine Fahrweisensteuerung auch zur Beeinflussung der Qualität der Outputs beitragen. Darüber hinaus kann die Qualität eines Zwischen- oder Endproduktes durch Mischen von Stoffen gesteuert werden. Für den einfachen Fall des linearen Mischens gilt dabei die Beziehung:

$$\sum_{i \in M_j} f_{ij} \, x_{ij} \underset{(<)}{\overset{\geqslant}{}} F_j \sum_{i \in M_j} x_{ij} \qquad . \tag{20}$$

In (20) sind die x_{ij} Stoffmengen, die von Aggregaten i in einen Mischer j fließen. Diese Mischer-Inputs sind derart zu mischen, daß mit Hilfe ihrer individuellen Qualitätsmerkmale f_{ij} mindestens (oder höchstens) die Qualität F_j des Mischeroutputs erzielt wird. Beziehung (20) kann z.B. benutzt werden, wenn Dieselkraftstoff- und Heizölmischungen in Modellen zu berücksichtigen sind und dabei die Qualitätsmerkmale Cetanzahl, Dichte sowie Schwefel- und Aschegehalt der Outputs einzuhalten sind.

Lineares Mischen kann jedoch nur noch indirekt angenommen werden, wenn als Qualitätsmerkmal einer Mischung deren Viskosität gilt. In diesem Fall tritt anstelle von (20) die Beziehung[11]:

$$\sum_{i \in M_j} W_{ij} \, x_{ij} \leqslant W_j \sum_{i \in M_j} x_{ij} \qquad , \tag{21}$$

wobei

$$W_j = \log \log (v_j + 0,8)$$

$$W_{ij} = \log \log (v_{ij} + 0,8) \qquad .$$

Die Symbole bedeuten:

x_{ij} Menge der Stoffkomponente ij in der Mischung;

9) Vgl. BRACKEN und McCORMICK [1968, S. 16ff.] und FIACCO und McCORMICK [1964].
10) Vgl. COLVILLE [1964], zit. nach BRACKEN und McCORMICK [1968].
11) Vgl. dazu WALTHER [1931] und UBBELOHDE [1943].

v_j – (geforderte) Viskosität der Mischung [cSt];
v_{ij} – Viskosität der Stoffkomponente ij [cSt].

Allerdings gilt (21) nur für die W-Werte einander ähnlicher Komponenten. Die W-Werte z.B. paraffinischer und naphtenischer Mischungskomponenten können nicht als linear mischend betrachtet werden[12].

Bei der modellmäßigen Erfassung des Mischverhaltens von Benzinen ergeben sich grössere Schwierigkeiten. Hier ist wesentliches Qualitätsmerkmal die Oktanzahl, und nichtlineares Mischen resultiert insbesondere aus der Tatsache, daß die oktanzahlerhöhende Wirkung von Bleitetraäthyl (BTÄ) um so geringer wird, je mehr BTÄ einer Mischungskomponente bereits zugesetzt wurde (Abb. 5), und daß ferner unterschiedliche Benzinqualitäten auf den Zusatz von BTÄ verschieden reagieren.

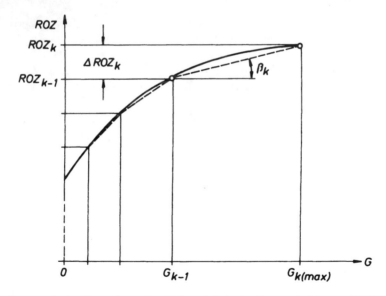

Abb. 5: Schematische Darstellung der Abhängigkeit der Research-Oktanzahl (ROZ) eines Benzins von seinem Gehalt G an BTÄ pro Volumeneinheit [$G_{k(max)}$ = maximal zulässiger BTÄ-Gehalt]

---

12) ZERBE [1952, S. 32].

Eine erste von CHARNES, COOPER und MELLON [1952] vorgeschlagene Methode zur Überwindung dieser Schwierigkeiten bei der Planung von Benzinmischungen geht von der weitgehend gesicherten Annahme aus, daß die Oktanzahl einer Benzinmischung gleich dem gewogenen arithmetischen Mittel der Oktanzahlen ihrer Komponenten ist, wenn die Mischungskomponenten jeweils den gleichen BTÄ-Gehalt pro Volumeneinheit haben. CHARNES, COOPER und MELLON setzen als gleichen BTÄ-Gehalt aller für eine Benzinmischung vorgesehenen Komponenten den gesetzlich fixierten BTÄ-Maximalgehalt von Kraftstoffen an. Man erhält dann lineare Mischungsbedingungen (als Teil eines Raffinerie-Modells), in denen als Koeffizienten der Mischungskomponenten die Oktanzahlen auftreten, die dem BTÄ-Maximalgehalt entsprechen. Der Nachteil dieser Vorgehensweise liegt in der Beschränkung auf Mischungskomponenten mit jeweils gleichem BTÄ-Gehalt. Das bedeutet, daß der BTÄ-Gehalt der Mischung nicht explizit als Variable in das Modell eingeführt werden kann mit der Folge, daß die relativ hohen Kosten für BTÄ nicht in der Zielfunktion berücksichtigt und gegen die Kosten der Mischungskomponenten abgewogen werden können[13].

Unter der Annahme, daß eine der Abb. 5 entsprechende Funktion bereits für die gesuchte Benzinmischung bekannt ist, formuliert CHENEY [1957] einen LP-Ansatz zur Herstellung einer kostenoptimalen Benzinmischung mit vorgegebener Oktanzahl. Löst man diesen Ansatz aus dem Gesamtzusammenhang des Raffinerie-Modells, so lautet er:

$$\sum_{j=1}^{m} c_j \, x_j + \sum_{k=1}^{n} d_k \, y_k \to \min ! \qquad\qquad (22)$$

$$\sum_{j=1}^{m} ROZ_j \, x_j + \sum_{k=1}^{n} \Delta ROZ_k \, y_k \geqslant ROZ_M \sum_{j=1}^{m} x_j \qquad\qquad (23)$$

$$y_k \leqslant \sum_{j=1}^{m} x_j \qquad\qquad (k = 1,2, ..., n) \qquad\qquad (24)$$

$$x_j \geqslant 0 \qquad\qquad (j = 1,2, ... , m) \qquad\qquad (25)$$

$$y_k \geqslant 0 \qquad\qquad (k = 1,2, ... , n) \qquad .$$

Hierin bedeuten:

ROZ_j – Oktanzahl des zum Mischen vorgesehenen Benzines j;

ROZ_M – geforderte Oktanzahl der Mischung;

x_j – gesuchte Menge des Benzins j in der Mischung;

y_k – Menge der Mischung, der im Klopffestigkeitsintervall k (Abb. 5) BTÄ zugesetzt wird;

ΔROZ_k – Zunahme der Oktanzahl im Klopffestigkeitsintervall k (k = 1,2, ... , n) für die Funktion ROZ = f(G).
ΔROZ_k = tg β_k $(G_k - G_{k-1})$, wobei $G_k - G_{k-1}$ für alle k so gewählt wird, daß ΔROZ_k konstant ist;

---

13) Zum Versuch, in diesem Ansatz auch Kosten für BTÄ zu berücksichtigen, vgl. SYMONDS [1956] und CONWAY [1958].

c_j — Kosten pro Mengeneinheit des Benzins j;

d_k — Kosten von BTÄ zur Erhöhung der Oktanzahl um ΔROZ_k, bezogen auf
eine Mengeneinheit der Mischung und auf das Klopffestigkeitsintervall k.

In (22) ist $d_{k-1} < d_k$ für alle k, da einerseits ΔROZ_k = const. und andererseits f(G) in
Abb. 5 konvex ist. Aus diesem Grunde werden in einer durch den Einsatz z.B. der Simplexmethode erzielten Lösung die y_k von k = 1 an aufsteigend nur soweit von Null verschieden
sein, wie es die Qualitätsspezifikation der Mischung in (23) gerade erfordert und es die Bedingungen (24) zulassen.

Kritisch ist zu dem Modell von CHENEY festzustellen, daß es grundsätzlich nicht möglich ist, eine Funktion vom Typ der Abb. 5 für die gesuchte Mischung zu antizipieren. Schätzt
man trotzdem eine solche Funktion, so setzt man implizit voraus, daß die BTÄ-Empfindlichkeitsfunktionen der Mischungskomponenten einander nahezu gleich sind; denn andernfalls
würde der Fehler bezüglich der Oktanzahl der Mischung zu groß. Das läßt sich anhand der
Abb. 6 für zwei Mischungskomponenten leicht zeigen.

In Abb. 6 weichen die BTÄ-Empfindlichkeitsfunktionen der beiden Mischungskomponenten I und II so weit voneinander ab, daß der BTÄ-Gehalt der Benzinmischung bei einer
geforderten Oktanzahl OZ_M zwischen G_A und G_B schwanken kann, je nachdem, in welchem
Volumenverhältnis die Komponenten gemischt werden. Das bedeutet aber, daß es für jedes
Mischungsverhältnis eine charakteristische BTÄ-Empfindlichkeitsfunktion der Mischung gibt.
Nur wenn die Punkte A und B sehr nahe beieinander liegen, kann man das BTÄ-Verhalten der
Mischung — wie CHENEY es tut — mit einem vernachlässigbaren Fehler durch eine zwischen
A und B hindurchführende Kurve annähern.

Die angeführte Kritik wird bei der dritten Methode zur Planung von Benzinmischungen
berücksichtigt, die von KAWARATANI, ULLMAN und DANTZIG [1960] stammt. Neben der
bereits genannten ersten Annahme über das lineare Mischen der Oktanzahlen von Benzinen
bei gleichem BTÄ-Gehalt der Mischungskomponenten setzen sie zweitens voraus, daß die
BTÄ-Empfindlichkeitsfunktion für ein Benzin dann vollständig bekannt ist, wenn man zwei
Funktionswerte hat, etwa α_1 und β_1 in Abb. 6.

KAWARATANI, ULLMAN und DANTZIG stellen die Oktanzahlen α_j und β_j der
Mischungskomponenten als Punkte in einem Koordinatensystem dar, auf dessen Abszisse
Oktanzahlen bei einem BTÄ-Gehalt von Null und auf dessen Ordinate Oktanzahlen bei maximal zulässigem BTÄ-Gehalt abgetragen sind. Man erhält so bei n Mischungskomponenten n
Punkte, von denen jeder nach der zweiten Annahme das BTÄ-Empfindlichkeitsverhalten der
betreffenden Mischungskomponente vollständig charakterisiert.

Aus der ersten Annahme folgt, daß das BTÄ-Empfindlichkeitsverhalten aller möglichen
Mischungen, ebenfalls ausgedrückt durch Oktanzahlen a (bei BTÄ-Gehalt von Null) und b
(bei maximalem BTÄ-Gehalt), als konvexe Linearkombination der α_j- und β_j-Werte der Mischungskomponenten darstellbar ist. Solchen Linearkombinationen entsprechen Punkte im
schraffierten Bereich der Abb. 7.

Da es nicht möglich ist, eine lineare Funktion ℓ = f(a,b) anzugeben mit ℓ als dem BTÄ-
Bedarf einer Mischung zur Erzielung der vorgegebenen Oktanzahl, betrachtet man eine endliche Menge von Punkten k = 1,2, ... , p. Aufgrund dieser Vorauswahl ist es möglich, für jeden
Punkt k mit den zugehörigen Oktanzahlen a_k und b_k aus Standardtabellen[14] denjenigen BTÄ-

---

14) Vgl. auch EASTMAN [1941] sowie BOGEN und NICHOLS [1949].

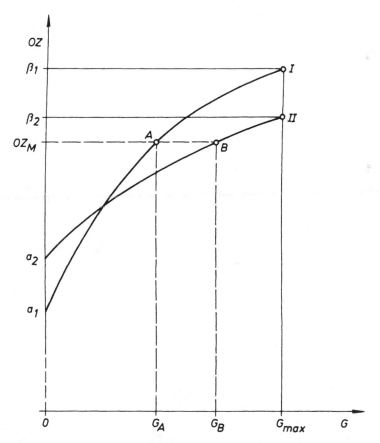

Abb. 6: Schematische BTÄ-Empfindlichkeitsfunktionen für zwei Benzinmischungskomponenten I und II zwischen den Oktanzahlen α_j (BTÄ-Gehalt von Null) und β_j (BTÄ-Gehalt G_{max})

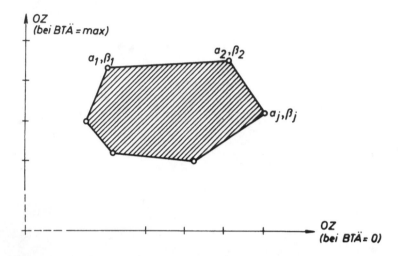

Abb. 7: Charakterisierung der Mischungskomponenten (nach KAWARATANI, ULLMAN und DANTZIG [1960, S. 27])

Zusatz ℓ_k pro Volumeneinheit zu bestimmen, der erforderlich ist, um die geforderte Oktanzahl der Mischung zu erreichen. Damit hat man alle Daten, um den folgenden LP-Ansatz (als Teil des umfassenderen Raffinerie-Modells) zu formulieren:

$$L = \sum_{k=1}^{p} \ell_k \, y_k \rightarrow \min ! \tag{26}$$

$$\sum_{j=1}^{n} x_j = \sum_{k=1}^{p} y_k \tag{27}$$

$$\sum_{j=1}^{n} \alpha_j \, x_j = \sum_{k=1}^{p} a_k \, y_k \tag{28}$$

$$\sum_{j=1}^{n} \beta_j \, x_j = \sum_{k=1}^{p} b_k \, y_k \tag{29}$$

$$\sum_{k=1}^{p} y_k \geq D \quad . \tag{30}$$

In diesem Ansatz ist $y_k \geq 0$ die gesuchte Menge der Mischung k und $x_j \geq 0$ die gesuchte Menge der Mischungskomponente j, die in die möglichen Mischungen k = 1,2, ..., p eingeht. D ist die Mindestmenge, die aus dem Mischungsprozeß hervorgehen soll.

Die Eigenart des gewählten Ansatzes besteht darin, daß er das Auftreten mehrerer Mischungen in seiner Lösung zuläßt. Liegen die Netzpunkte dieser Mischungen eng zusammen, so schlagen KAWARATANI, ULLMAN und DANTZIG vor, ihr gewogenes arithmetisches Mittel als Lösung des Problems zu betrachten. Andernfalls sollen die entsprechenden Mischungen getrennt hergestellt werden. Der Ansatz (26) bis (30) läßt sich leicht erweitern, wenn mehrere Oktanzahlspezifikationen zu berücksichtigen sind (z.B. Motor- und Research-Oktanzahl).

II.4.3 Modellteil zur Abbildung des Planungsziels

Mit den Beziehungen (19), (22) und (26) liegen bereits einige formale Elemente zur Abbildung des Ziels einer Planung der Rohölverarbeitung in Raffinerien vor. Diese sind jedoch auf sehr spezielle Situationen zugeschnitten, so daß es sinnvoll erscheint, hier auch einen allgemeineren Ansatz für eine Zielfunktion anzugeben.

Da die Planung der Rohölverarbeitung von bestehenden Betriebsgrößen ausgeht und in ihrer elementarsten Form weder Investitionen noch Desinvestitionen zu berücksichtigen hat[15], kann als ihr Ziel die Maximierung der durch den Raffineriebetrieb erzielbaren Deckungsbeiträge (einer Periode) angenommen werden. Dann sind — soweit der Entscheidung unterworfen — Rohöle mit ihren Einstandspreisen, Produktionsprozesse mit variablen Kosten und Fertigprodukte mit Erlösen zu bewerten. Mit den Unbekannten x_j als den Stromgrößen der technologischen Modellteile lautet eine entsprechende Zielfunktion

$$\sum_{j \in F} E_j x_j - \sum_{j \in Z} K_j x_j - \sum_{j \in R} P_j x_j \to max \, ! \qquad\qquad (31)$$

Darin bedeuten:
  F   — Gesamtheit aller Fertigprodukte,
  Z   — Gesamtheit aller Zwischenprodukte,
  R   — Gesamtheit aller Rohöle,
  E_j — Erlös für die Mengeneinheit eines Fertigproduktes,
  K_j — variable Kosten für die Mengeneinheit eines Zwischenproduktes, das einen
        bestimmten Produktionsprozeß durchläuft,
  P_j — Einstandspreise für die Mengeneinheit eines Rohöls.

F und R sind in der Regel disjunkte Mengen, während F und Z einerseits sowie Z und R andererseits nichtleere Schnittmengen besitzen können. Die Ermittlung der K ist problematisch, weil eine einwandfreie Kostenzurechnung meist nicht zu erreichen ist. Doch kann die Sensibilität von Modellösungen hinsichtlich möglicher Variationsbereiche der K_j sehr schnell mit Hilfe der sogenannten Parametrischen Linearen Programmierung[16] überprüft werden.

---

15) Im Rahmen von Alternativrechnungen können die hier dargestellten Modelle natürlich auch zur Bewertung von geplanten Investitionen oder Desinvestitionen mit herangezogen werden.

16) Siehe MEYER, HANSEN, ROHDE [1973] S. 51 ff.

II.4.4 Darstellung und Lösung eines Beispiels[17]

Unter Anwendung einiger der skizzierten Modellgrundlagen läßt sich das Gesamtmodell einer Erdöl-Raffinerie darstellen. Den Verfahrensstammbaum der betreffenden Raffinerie zeigt Abb. 8.

In der atmosphärischen Destillation (Top-Destillation) werden Top-Benzin, Petroleum, Mitteldestillat und Rückstand erzeugt. Der Rückstand kann entweder gekrackt oder unter Vakuum destilliert werden. Die Vakuum-Destillation und die sich anschließende Nachbehandlung der Vakuum-Destillate liefern die Endprodukte Schmieröl, Furfurolextrakt, Paraffin, Asphalt und schweres Heizöl. Das Kracken führt zur Umsetzung des Rückstandes in Heizgas, Flüssiggas, leichtes und schweres Benzin, Mitteldestillat, schweres Heizöl und Petrolkoks. In der Redestillation wird das Top-Benzin in leichtes und schweres Benzin zerlegt. Die schweren Benzine der Top-Anlage und der Krack-Anlage dienen als Einsatzmaterial für den Platformer, wo sie in Heizgas, Flüssiggas und Platformat umgewandelt werden. Die leichten Benzine der Top-Anlage und der Krack-Anlage ergeben in der Stabilisation Flüssiggas und stabilisiertes Benzin. Das Flüssiggas der Stabilisation und des Platformers werden polymerisiert, wobei neben Polymer-Benzin Propan und Butan anfallen.

Die Endprodukte Motorbenzin, Dieselkraftstoff und leichtes Heizöl werden als Mischungen hergestellt. Der Dieselkraftstoff und das leichte Heizöl können aus dem Mitteldestillat der Top-Analge und der Krack-Anlage gemischt werden. Als Mischungskomponenten für das Motorbenzin dienen das stabilisierte Benzin, das Platformat und das Polymer-Benzin.

Die Verarbeitung des Rohöls liefert somit die folgenden 13 Endprodukte: Heizgas, Propan, Butan, Motorbenzin, Petroleum, Dieselkraftstoff, leichtes und schweres Heizöl, Schmieröl, Paraffin, Furfurol-Extrakt, Asphalt und Petrolkoks.

Zu entscheiden ist, in welchen Mengen x_1 bzw. x_2 zwei Rohöle, deren gesamte pro Planungsperiode verfügbare Menge die Kapazität der Anlage übersteigt, in der Raffinerie verarbeitet werden sollen, wenn angenommen wird, daß
– mindestens 250 Mengeneinheiten leichtes Heizöl zu erzeugen sind und
– alle übrigen Endprodukte in beliebiger Menge hergestellt werden können.

Für den Aufbau des LP-Modells ist diese qualitative Beschreibung des Verarbeitungsprozesses durch quantitative Angaben zu erweitern, die Aufschluß über die Kapazitäten und Arbeitsweise der genannten Aggregate und die Aufspaltung der Mengenströme geben (vgl. Abb. 8):

– Top-Anlage (A):

Beim Toppen von x_1 bzw. x_2 Mengeneinheiten Rohöl wird dieses in die folgenden Fraktionen zerlegt:

$0,15\,x_1$ bzw. $0,19\,x_2$ Mengeneinheiten Top-Benzin,
$0,10\,x_1$ bzw. $0,12\,x_2$ Mengeneinheiten Petroleum,
$0,21\,x_1$ bzw. $0,17\,x_2$ Mengeneinheiten Mitteldestillat,
$0,54\,x_1$ bzw. $0,52\,x_2$ Mengeneinheiten Top-Rückstand.

---

17) Dieses Beispiel geht auf Untersuchungen zurück, die im Rahmen eines Forschungsprojektes des Instituts für Wirtschaftswissenschaft der TU Clausthal von H. WEICHERDING und den Verfassern in Zusammenarbeit mit einer niedersächsischen Raffinerie durchgeführt wurden. Vgl. RIESTER [1964].

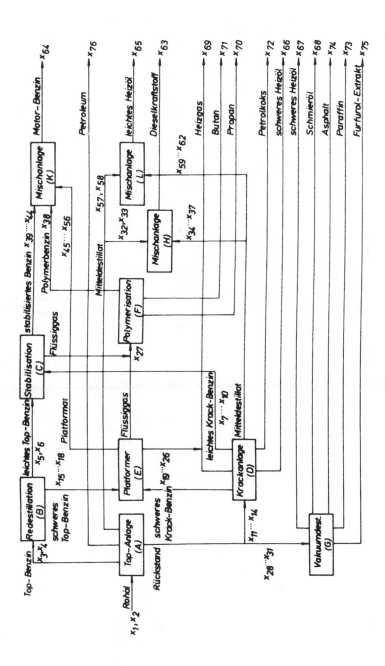

Abb. 8: Verfahrensstammbaum einer niedersächsischen Erdöl-Raffinerie mit Mengenstrom-variablen

– Redestillation (B):

In der Redestillation wird das Top-Benzin in leichtes und schweres Benzin zerlegt. Der Einsatz von x_3 bzw. x_4 Einheiten Top-Benzin ergibt:

$0,33\ x_3$ bzw. $0,29\ x_4$ Einheiten leichtes Top-Benzin,
$0,67\ x_3$ bzw. $0,71\ x_4$ Einheiten schweres Top-Benzin.

– Stabilisation (C):

In der Stabilisation werden die leichten Top-Benzine und die leichten Krack-Benzine in Flüssiggas und stabilisiertes Benzin zerlegt.

x_5 bzw. x_6 Einheiten leichtes Top-Benzin ergeben:

$0,64\ x_5$ bzw. $0,68\ x_6$ Einheiten stabilisiertes Benzin;
$0,36\ x_5$ bzw. $0,32\ x_6$ Einheiten Flüssiggas.

x_7, x_8, x_9 bzw. x_{10} Einheiten Krack-Benzin ergeben:

$0,70\ x_7, 0,73\ x_8, 0,75\ x_9$ bzw. $0,76\ x_{10}$ Einheiten stabilisiertes Benzin;
$0,30\ x_7, 0,27\ x_8, 0,25\ x_9$ bzw. $0,24\ x_{10}$ Einheiten Flüssiggas.

– Krack-Anlage (D):

Der Top-Rückstand kann mit zwei verschiedenen Intensitäten gekrackt werden und liefert entsprechende Ausbeuten an Heizgas, leichtem und schwerem Benzin, Mitteldestillat, Heizöl und Petrolkoks. Aus dem Kracken von x_{11}, x_{12}, x_{13} bzw. x_{14} Einheiten Top-Rückstand ergeben sich die folgenden Qualitäten:

$0,07\ x_{11}, 0,04\ x_{12}, 0,05\ x_{13}$ bzw. $0,07\ x_{14}$ Einheiten Heizgas;
$0,12\ x_{11}, 0,15\ x_{12}, 0,11\ x_{13}$ bzw. $0,13\ x_{14}$ Einheiten leichtes Krack-Benzin;
$0,11\ x_{11}, 0,13\ x_{12}, 0,14\ x_{13}$ bzw. $0,10\ x_{14}$ Einheiten schweres Krack-Benzin;
$0,44\ x_{11}, 0,46\ x_{12}, 0,38\ x_{13}$ bzw. $0,41\ x_{14}$ Einheiten Mitteldestillat;
$0,14\ x_{11}, 0,12\ x_{12}, 0,15\ x_{13}$ bzw. $0,16\ x_{14}$ Einheiten schweres Heizöl;
$0,12\ x_{11}, 0,10\ x_{12}, 0,17\ x_{13}$ bzw. $0,13\ x_{14}$ Einheiten Petrolkoks.

– Platformer (E):

Der Platformer wandelt das schwere Top-Benzin und das schwere Krack-Benzin in Heizgas, Flüssiggas und Platformat um. Das Platformieren von x_{15}, x_{16}, x_{17} bzw. x_{18} Einheiten Top-Benzin liefert:

$0,15\ x_{15}, 0,14\ x_{16}, 0,16\ x_{17}$ bzw. $0,18\ x_{18}$ Einheiten Heizgas;
$0,10\ x_{15}, 0,08\ x_{16}, 0,11\ x_{17}$ bzw. $0,06\ x_{18}$ Einheiten Flüssiggas;
$0,75\ x_{15}, 0,78\ x_{16}, 0,73\ x_{17}$ bzw. $0,76\ x_{18}$ Einheiten Platformat.

Das Platformieren von x_{19}, x_{20}, x_{21}, x_{22}, x_{23}, x_{24}, x_{25} bzw. x_{26} Einheiten Krack-Benzin ergibt:

$0,06\ x_{19}, 0,09\ x_{20}, 0,07\ x_{21}, 0,07\ x_{22}, 0,12\ x_{23}, 0,11\ x_{24}, 0,12\ x_{25}$ bzw. $0,10\ x_{26}$ Einheiten Heizgas;
$0,06\ x_{19}, 0,07\ x_{20}, 0,07\ x_{21}, 0,08\ x_{22}, 0,06\ x_{23}, 0,10\ x_{24}, 0,08\ x_{25}$ bzw. $0,09\ x_{26}$ Einheiten Flüssiggas;
$0,88\ x_{19}, 0,84\ x_{20}, 0,86\ x_{21}, 0,85\ x_{22}, 0,82\ x_{23}, 0,79\ x_{24}, 0,80\ x_{25}$ bzw. $0,81\ x_{26}$ Einheiten Platformat.

– Polymerisation (F):

In der Polymerisation wird das Flüssiggas verarbeitet zu Polymer-Benzin, Propan und Butan. x_{27} Einheiten Flüssiggas ergeben:

0,33 x_{27} Einheiten Propan;
0,35 x_{27} Einheiten Butan;
0,32 x_{27} Einheiten Polymer-Benzin.

– Vakuum-Destillation (G):

Aus dem Top-Rückstand ergeben sich bei der Vakuum-Destillation und der Nachbehandlung der Destillate die Produkte schweres Heizöl, Schmieröl, Paraffin, Asphalt und Furfurol-Extrakt. Die Vakuum-Destillation kann auf zwei Arten gefahren werden. x_{28}, x_{29}, x_{30} bzw. x_{31} Einheiten Top-Rückstand liefern:

0,04 x_{28}, 0,06 x_{29}, 0,08 x_{30} bzw. 0,07 x_{31} Einheiten schweres Heizöl;
0,46 x_{28}, 0,38 x_{29}, 0,41 x_{30} bzw. 0,45 x_{31} Einheiten Schmieröl;
0,13 x_{28}, 0,10 x_{29}, 0,12 x_{30} bzw. 0,09 x_{31} Einheiten Paraffin;
0,24 x_{28}, 0,26 x_{29}, 0,25 x_{30} bzw. 0,28 x_{31} Einheiten Asphalt;
0,13 x_{28}, 0,20 x_{29}, 0,14 x_{30} bzw. 0,11 x_{31} Einheiten Furfurol-Extrakt.

– Mischen von Dieselkraftstoff (H):

Der Dieselkraftstoff kann aus dem Mitteldestillat der Top-Anlage (x_{32}, x_{33}) und dem Mitteldestillat der Krack-Anlage (x_{34}, x_{35}, x_{36} und x_{37}) gemischt werden.
Die Dieselkraftstoff-Mischung soll die folgenden Anforderungen erfüllen:

Dichte: 0,82 – 0,84 [g/cm^3] bei 20°C
Viskosität: 2,0 – 4,5 [c St] bei 20°C bzw. (–0,3495) bis (–0,1401) [W-Wert]
Cetanzahl: mindestens 50.

Die Eigenschaften der Mischungskomponenten sind in Tab. 1 zusammengestellt.

	Dichte [g/cm^3]	Cetan-zahl	Viskosität [c St]	W-Wert	Variable im LP-Modell	
					Dieselkraft-stoff	Leichtes Heizöl
Top-Anlage	0,83	59	2,9	–0,2455	x_{32}	x_{57}
	0,82	61	3,5	–0,1983	x_{33}	x_{58}
Krack-Anlage	0,85	40	4,0	–0,1667	x_{34}	x_{59}
	0,88	43	10,2	+0,0176	x_{35}	x_{60}
	0,87	45	5,1	–0,1130	x_{36}	x_{61}
	0,89	41	6,1	–0,0763	x_{37}	x_{62}

Tab. 1: Dichte, Cetanzahl und Viskosität der Mitteldestillate der Top-Anlage und der Krack-Anlage

Mischen von Motorbenzin (K):

Im Motorbenzin können 19 Komponenten enthalten sein:

1 Polymer-Benzin	x_{38};
2 stabilisierte Top-Benzine	x_{39}, x_{40};
4 stabilisierte Krack-Benzine	x_{41} bis x_{44};
4 Platformate aus Top-Benzinen	x_{45} bis x_{48};
8 Platformate aus Krack-Benzinen	x_{49} bis x_{56}.

Die Dichte des Motorbenzins darf den Wert von 0,73 [g/cm^3] bei 15^{0}C nicht unterschreiten, und die Oktanzahl muß größer als 92 sein. Die Werte der Mischungskomponenten sind in Tab. 2 zusammengestellt.

	Dichte [g/cm^3]	Oktanzahl	Variable im LP-Modell
Polymer-Benzin	0,74	96	x_{38}
Top-Benzin	0,65	54	x_{39}
Top-Benzin	0,67	56	x_{40}
Krack-Benzin	0,69	72	x_{41}
Krack-Benzin	0,71	75	x_{42}
Krack-Benzin	0,70	73	x_{43}
Krack-Benzin	0,71	74	x_{44}
Platformat	0,78	98	x_{45}
Platformat	0,80	92	x_{46}
Platformat	0,79	94	x_{47}
Platformat	0,80	87	x_{48}
Platformat	0,79	90	x_{49}
Platformat	0,81	96	x_{50}
Platformat	0,78	90	x_{51}
Platformat	0,79	86	x_{52}
Platformat	0,81	95	x_{53}
Platformat	0,79	93	x_{54}
Platformat	0,80	88	x_{55}
Platformat	0,78	91	x_{56}

Tab. 2: Dichte und Oktanzahl der Mischungskomponenten des Motorbenzins

Alle Benzinmischungskomponenten sollen mit einer bestimmten gleich großen Menge an Bleitetraäthyl vorgemischt werden. Das bringt für das Motorbenzin insgesamt eine geschätzte Erhöhung der Oktanzahl um sieben Punkte.

– Mischen von leichtem Heizöl (L):

Die Mitteldestillate der Top-Anlage und der Krack-Anlage können außer zu Dieselkraftstoff auch zu leichtem Heizöl gemischt werden, und zwar in folgenden Mengen:

Mitteldestillat der Top-Anlage x_{57}, x_{58}

Mitteldestillat der Krack-Anlage x_{59} bis x_{62}.

Für das leichte Heizöl soll die Dichte nicht größer als 0,88 [g/cm^3] sein, und die Viskosität darf den Wert 9,6 [c St] bei 20^0 C nicht überschreiten. Der maximal zulässigen Viskosität des leichten Heizöls entspricht ein W-Wert von 0,0073.

Die Kapazitäten der Anlagen [ME/Planungsperiode] gehen aus Tab. 3 hervor.

	Kapazität
Top-Anlage	1000
Redestillation	180
Stabilisation	105
Krack-Anlage	390
Platformer	154
Polymerisation	54
Vakuum-Destillation	180

Tab. 3: Kapazitäten der Raffinerie-Anlagen

Außerdem ist zu beachten, daß beide Rohöle jeweils nur in 1000 ME/Planungsperiode verfügbar sind.

Mit Hilfe der angegebenen Daten kann nun der Beschränkungsteil des nachstehenden LP-Modells aufgebaut werden[18]. Die dort aufgeführten (neu-numerierten) Beziehungen (1) bis (63) und (66) bis (75) sind im Zusammenhang mit Abb. 8 selbsterläuternd. Die Bedingungen (64) und (65) wurden in den Ansatz eingeführt, um die Möglichkeit einer Veränderung der Absatzbedingungen für Dieselkraftstoff und Motorbenzin durch Variation der rechten Seiten der genannten Beschränkungen einfach handhaben zu können.

Was die Zielfunktion anbetrifft, so konnte im vorliegenden Fall die Absicht, den Deckungsbeitrag zu maximieren, nicht verwirklicht werden, da die erforderlichen Kostendaten nicht zur Verfügung standen. Da außerdem beide Rohöle den gleichen Einstandspreis hatten, wurde die Erlösmaximierung zur Zielsetzung gemacht. Möglicherweise unterscheidet sich das optimale Programm als Ergebnis dieses Vorgehens jedoch nicht oder nur sehr wenig vom Ergebnis einer Deckungsbeitragsmaximierung, da die Grenzkosten, also Kostenanteile, die mit der Art der Fahrweise einer Anlage oder mit der Zusammensetzung einer Mischung variieren, im Verhältnis zu den entsprechenden Erlösen wohl kaum ins Gewicht fallen. Die zugrunde gelegten (auf Benzinerlös = 100 normierten) Erlöse sind aus der Zielfunktion des

---

18) Nicht berücksichtigt wurden die Energiebilanz des Raffinerieprozesses und die damit verbundenen Eigenverbräuche an Gas und schwerem Heizöl. Vgl. dazu KÖNIG [1968, S. 72].

Modells unmittelbar ersichtlich.

Das nachfolgend dargestellte LP-Modell besteht aus 76 Aktivitäten, 75 Beschränkungen und der Zielfunktion. Die Matrix mit 348 Elementen ist zu ca. 5% besetzt.

Die Berechnung der optimalen Lösung (Tab. 4) erfolgte seinerzeit mit Hilfe des "Linear Programming System LP 90" auf der Rechenanlage IBM 7090 des Deutschen Rechenzentrums in Darmstadt. Dabei waren zur Bestimmung des Optimums 90 Iterationen und eine Rechenzeit von ca. 1 CPU-Minute erforderlich. Die heute für die verschiedensten Rechnertypen angebotenen LP-Software-Pakete[19] ermöglichen dagegen für den vorliegenden Fall erheblich geringere Rechenzeiten.

LP-Modell

Technologische Verknüpfung der Mengenströme (Durchflußbedingungen):

$$0,15x_1 - x_3 \qquad\qquad = 0 \qquad (1)$$

$$0,19x_2 - x_4 \qquad\qquad = 0 \qquad (2)$$

$$0,21x_1 - x_{32} - x_{57} \qquad = 0 \qquad (3)$$

$$0,17x_2 - x_{33} - x_{58} \qquad = 0 \qquad (4)$$

$$0,54x_1 - x_{11} - x_{12} - x_{28} - x_{29} \qquad = 0 \qquad (5)$$

$$0,52x_2 - x_{13} - x_{14} - x_{30} - x_{31} \qquad = 0 \qquad (6)$$

$$0,33x_3 - x_5 \qquad\qquad = 0 \qquad (7)$$

$$0,29x_4 - x_6 \qquad\qquad = 0 \qquad (8)$$

$$0,67x_3 - x_{15} - x_{16} \qquad = 0 \qquad (9)$$

$$0,71x_4 - x_{17} - x_{18} \qquad = 0 \qquad (10)$$

$$0,36x_5 + 0,32x_6 + 0,30x_7 + 0,27x_8 + 0,25x_9 +$$
$$+ 0,24x_{10} + 0,10x_{15} + 0,08x_{16} + 0,11x_{17} + 0,06x_{18} +$$
$$+ 0,06x_{19} + 0,07x_{20} + 0,07x_{21} + 0,08x_{22} + 0,06x_{23} +$$
$$+ 0,10x_{24} + 0,08x_{25} + 0,09x_{26} - \quad x_{27} \qquad = 0 \qquad (11)$$

$$0,12x_{11} - x_7 \qquad\qquad = 0 \qquad (12)$$

$$0,15x_{12} - x_8 \qquad\qquad = 0 \qquad (13)$$

$$0,11x_{13} - x_9 \qquad\qquad = 0 \qquad (14)$$

$$0,13x_{14} - x_{10} \qquad\qquad = 0 \qquad (15)$$

$$0,11x_{11} - x_{19} - x_{20} \qquad = 0 \qquad (16)$$

$$0,13x_{12} - x_{21} - x_{22} \qquad = 0 \qquad (17)$$

---

19) Z.B. Ophelie (CDC), MPSX (IBM), LP 5000 (Siemens), LP 1100 (Univac). Eine Beschreibung der verbreitetsten Eingabekonvention findet man bei MEYER, HANSEN, ROHDE [1973] S. 65 ff.

$$0,14x_{13} - x_{23} - x_{24} = 0 \tag{18}$$

$$0,10x_{14} - x_{25} - x_{26} = 0 \tag{19}$$

$$0,70x_7 - x_{41} = 0 \tag{20}$$

$$0,73x_8 - x_{42} = 0 \tag{21}$$

$$0,75x_9 - x_{43} = 0 \tag{22}$$

$$0,76x_{10} - x_{44} = 0 \tag{23}$$

$$0,64x_5 - x_{39} = 0 \tag{24}$$

$$0,68x_6 - x_{40} = 0 \tag{25}$$

$$0,44x_{11} - x_{34} - x_{59} = 0 \tag{26}$$

$$0,46x_{12} - x_{35} - x_{60} = 0 \tag{27}$$

$$0,38x_{13} - x_{36} - x_{61} = 0 \tag{28}$$

$$0,41x_{14} - x_{37} - x_{62} = 0 \tag{29}$$

$$0,75x_{15} - x_{45} = 0 \tag{30}$$

$$0,78x_{16} - x_{46} = 0 \tag{31}$$

$$0,73x_{17} - x_{47} = 0 \tag{32}$$

$$0,76x_{18} - x_{48} = 0 \tag{33}$$

$$0,88x_{19} - x_{49} = 0 \tag{34}$$

$$0,84x_{20} - x_{50} = 0 \tag{35}$$

$$0,86x_{21} - x_{51} = 0 \tag{36}$$

$$0,85x_{22} - x_{52} = 0 \tag{37}$$

$$0,82x_{23} - x_{53} = 0 \tag{38}$$

$$0,79x_{24} - x_{54} = 0 \tag{39}$$

$$0,80x_{25} - x_{55} = 0 \tag{40}$$

$$0,81x_{26} - x_{56} = 0 \tag{41}$$

$$0,32x_{27} - x_{38} = 0 \tag{42}$$

$$0,14x_{11} + 0,12x_{12} + 0,15x_{13} + 0,16x_{14} - x_{66} = 0 \tag{43}$$

$$0,04x_{28} + 0,06x_{29} + 0,08x_{30} + 0,07x_{31} - x_{67} = 0 \tag{44}$$

$$0,46x_{28} + 0,38x_{29} + 0,41x_{30} + 0,45x_{31} - x_{68} = 0 \tag{45}$$

$$0,07x_{11} + 0,04x_{12} + 0,05x_{13} + 0,07x_{14} + 0,15x_{15} +$$
$$+ 0,14x_{16} + 0,16x_{17} + 0,18x_{18} + 0,06x_{19} + 0,09x_{20} +$$
$$+ 0,07x_{21} + 0,07x_{22} + 0,12x_{23} + 0,11x_{24} + 0,12x_{25} +$$

$$0,10x_{26} - x_{69} = 0 \tag{46}$$

$$0,33x_{27} - x_{70} = 0 \tag{47}$$

$$0,35x_{27} - x_{71} = 0 \tag{48}$$

$$0,12x_{11} + 0,10x_{12} + 0,17x_{13} + 0,13x_{14} - x_{72} = 0 \tag{49}$$

$$0{,}13x_{28} + 0{,}10x_{29} + 0{,}12x_{30} + 0{,}09x_{31} - x_{73} \qquad = 0 \qquad (50)$$

$$0{,}24x_{28} + 0{,}26x_{29} + 0{,}25x_{30} + 0{,}28x_{31} - x_{74} \qquad = 0 \qquad (51)$$

$$0{,}13x_{28} + 0{,}20x_{29} + 0{,}14x_{30} + 0{,}11x_{31} - x_{75} \qquad = 0 \qquad (52)$$

$$0{,}10x_{1} + 0{,}12x_{2} + \quad x_{76} \qquad = 0 \qquad (53)$$

$$x_{32} + x_{33} + x_{34} + x_{35} + x_{36} + x_{37} - x_{63} \qquad = 0 \qquad (54)$$

$$\sum_{i=38}^{56} x_{i} - x_{64} \qquad = 0 \qquad (55)$$

$$x_{57} + x_{58} + x_{59} + x_{60} + x_{61} + x_{62} - x_{65} \qquad = 0 \qquad (56)$$

Qualitätsbedingungen:
- für Dichte des Dieselkraftstoffes

$$0{,}83x_{32} + 0{,}82x_{33} + 0{,}85x_{34} + 0{,}88x_{35} +$$
$$+ 0{,}87x_{36} + 0{,}89x_{37} \leqslant 0{,}84 \sum_{i=32}^{37} x_{i} \qquad (57)$$

- für Viskosität des Dieselkraftstoffes

$$-0{,}2455x_{32} - 0{,}1983x_{33} - 0{,}1667x_{34} +$$
$$+ 0{,}0176x_{35} - 0{,}1130x_{36} - 0{,}0763x_{37} \leqslant - 0{,}1401 \sum_{i=32}^{37} x_{i} \qquad (58)$$

- für Cetanzahl des Dieselkraftstoffes

$$59x_{32} + 61x_{33} + 40x_{34} + 43x_{35} + 45x_{36} + 41x_{37} \geqslant 50 \sum_{i=32}^{37} x_{i} \qquad (59)$$

- für Dichte des Motorbenzins

$$0{,}74x_{38} + 0{,}65x_{39} + 0{,}67x_{40} + 0{,}69x_{41} +$$
$$+ 0{,}71x_{42} + 0{,}70x_{43} + 0{,}71x_{44} + 0{,}78x_{45} +$$
$$+ 0{,}80x_{46} + 0{,}79x_{47} + 0{,}80x_{48} + 0{,}79x_{49} +$$
$$+ 0{,}81x_{50} + 0{,}78x_{51} + 0{,}79x_{52} + 0{,}81x_{53} +$$
$$+ 0{,}79x_{54} + 0{,}80x_{55} + 0{,}78x_{56} \geqslant 0{,}73 \sum_{i=38}^{56} x_{i} \qquad (60)$$

- für Oktanzahl des Motorbenzins

$$96x_{38} + 54x_{39} + 56x_{40} + 72x_{41} + 75x_{42} + 73x_{43} + 74x_{44} + 98x_{45} +$$
$$+ 92x_{46} + 94x_{47} + 87x_{48} + 90x_{49} + 96x_{50} + 90x_{51} + 86x_{52} + 95x_{53} +$$
$$+ 93x_{54} + 88x_{55} + 91x_{56} \geqslant (92 - 7) \sum_{i=38}^{56} x_{i} \qquad (61)$$

- für Dichte des leichten Heizöls

$$0{,}83x_{57} + 0{,}82x_{58} + 0{,}85x_{59} + 0{,}88x_{60} +$$
$$+ 0{,}87x_{61} + 0{,}89x_{62} \leqslant 0{,}88 \sum_{i=57}^{62} x_{i} \qquad (62)$$

- für Viskosität des leichten Heizöls

$$-0{,}2455x_{57} - 0{,}1983x_{58} - 0{,}1667x_{59} +$$
$$+ 0{,}0176x_{60} - 0{,}1130x_{61} - 0{,}0763x_{62} \leqslant 0{,}0073 \sum_{i=57}^{62} x_{i} \qquad (63)$$

Absatz- und Kapazitätsbedingungen:

— für Dieselkraftstoff

$$x_{63} \geqslant 1 \tag{64}$$

— für Motorbenzin

$$x_{64} \geqslant 1 \tag{65}$$

— für leichtes Heizöl

$$x_{65} \geqslant 250 \tag{66}$$

— für Top-Anlage

$$x_1 + x_2 \leqslant 1000 \tag{67}$$

— für Redestillation

$$x_3 + x_4 \leqslant 180 \tag{68}$$

— für Stabilisation

$$x_5 + x_6 + x_7 + x_8 + x_9 + x_{10} \leqslant 105 \tag{69}$$

— für Krackanlage

$$x_{11} + x_{12} + x_{13} + x_{14} \leqslant 390 \tag{70}$$

— für Platformer

$$\sum_{i=15}^{26} x_i \leqslant 154 \tag{71}$$

— für Polymerisation

$$x_{27} \leqslant 54 \tag{72}$$

— für Vakuumdestillation

$$x_{28} + x_{29} + x_{30} + x_{31} \leqslant 180 \tag{73}$$

für Einsatzmengen der Rohöle

$$x_1 \leqslant 1000 \tag{74}$$

$$x_2 \leqslant 1000 \tag{75}$$

Zielfunktion:

$$105x_{63} + 100x_{64} + 35x_{65} + 31x_{66} + 31x_{67} + 132x_{68} +$$
$$+ 36x_{69} + 100x_{70} + 100x_{71} + 41x_{72} + 114x_{73} + 30x_{74} +$$
$$+ 83x_{75} + 129x_{76} \rightarrow max !$$

Primal-variable	Wert der Primal-variablen in ME je Planungsperiode	Primal-variable	Wert der Primal-variablen in ME je Planungsperiode
x_1	1000,00	x_{64}	197,71
x_3	150,00	x_{65}	250,00
x_5	49,50	x_{66}	44,76
x_7	9,34	x_{67}	7,20
x_8	42,33	x_{68}	82,80
x_{11}	77,81	x_{69}	35,15
x_{12}	282,19	x_{70}	14,94
x_{15}	100,50	x_{71}	15,84
x_{20}	8,56	x_{72}	37,56
x_{21}	36,68	x_{73}	23,40
x_{27}	45,27	x_{74}	43,20
x_{28}	180,00	x_{75}	23,40
x_{32}	78,69	x_{76}	100,00
x_{34}	34,24	No. der Beschrän-kung	Wert der Dual-variablen in Geld-einheiten je ME
x_{35}	11,11		
x_{38}	14,49		
x_{39}	31,68		
x_{41}	6,54	61	10,53
x_{42}	30,90	66	-70,00
x_{45}	75,38	67	91,77
x_{50}	7,19	73	13,60
x_{51}	31,55	74	2,06
x_{57}	131,31	maximaler Zielfunktionswert: $z = 78774,72$ Geldeinheiten	
x_{60}	118,69		
x_{63}	124,04		

Tab. 4: Ergebnis der Produktionsplanung für eine niedersächsische Erdölraffinerie

II.4.5 Literatur

BOGEN, J.S. und NICHOLS, R.M.: Calculating the Performance of Motor Fuel Blends; Industrial and Engineering Chemistry 41 (1949), S. 2629 ff.

BRACKEN, J. und McCORMICK, G.P.: Selected Applications of Nonlinear Programming; New York 1968.

CHARNES, A., COOPER, W.W. und MELLON, B.: Blending aviation gasolines — A study in programming interdependent activities in an integrated oil company; Econometrica 20 (1952), S. 135 ff.

CHENEY, L.K.: Linear Program Planning of Refinery Operations; Naval Research Logistics Quarterly 4 (1957), S. 9 ff.

COLVILLE, JR. A.R.: Process Optimization Program for Nonlinear Programming; IBM Corporation, New York 1964.

CONWAY, F.: The Use of Parametric Techniques to Enhance the Interpretive Potential of Linear Programming; Vortrag beim IBM Seminar on Refinery Engineering and Operation, Poughkeepsie, N.Y., 1958.

EASTMAN, D.B.: Prediction of Octane Numbers and Lead Susceptibilities of Gasoline Blends; Industrial and Engineering Chemistry 33 (1941), S. 1555 ff.

FIACCO, A.V. und McCORMICK, G.P.: The Sequential Unconstrained Minimization Technique for Nonlinear Programming: A Primal-Dual Method; Management Science 10 (January 1964), S. 360 ff.

GARVIN, W.W., CRANDALL, H.W., JOHN, J.B. und SPELLMAN, R.A.: Applications of Linear Programming in the Oil Industry; Management Science 3 (July 1957), S. 407 ff.

HOLLOWAY, C. und JONES, G.T.: Planning at Gulf — A Case Study; Long Range Planning 8 (1975), S. 27 ff.

KAACK, J.R.: Simultane Produktions- und Transportplanung mit einem hierarchischen Optimierungssystem, Zeitschrift für Operations Research 18 (1974) S. 149 ff.

KAWARATANI, T.K., ULLMAN, R.J. und DANTZIG, G.B.: Computing Tetraethyl-Lead Requirements in a Linear-Programming Format; Operations Research 8 (1960), S. 24 ff.

KÖHLER, R.: Der Einsatz von Datenverarbeitungsanlagen für Optimierungsrechnungen bei Mineralölraffinerien; Elektronische Datenverarbeitung 9 (1967), S. 306 ff.

KOENIG, J.W.J.: Produktionsplanung bei unsicheren Absatzmengen. Stochastische Lineare Programmierung, erläutert an einem Beispiel aus einem Mineralöl-Unternehmen; Erdöl und Kohle 17 (1964), S. 729 ff.

KOENIG, J.W.J.: Dynamische Optimierungsmodelle der chemischen Industrie; Diss. Hamburg 1968.

MANNE, A.S.: Scheduling of petroleum refinery operations,
Cambridge, Mass. 1956.

MANNE, A.S.: A Linear Programming Model of the U.S. Petroleum Refining Industry;
Econometrica 26 (1958), S. 67 ff.

MEYER, M., HANSEN, K. und ROHDE, M.: Mathematische Planungsverfahren, Bd. 1:
Lineare Programmierung und Netzplantechniken, Essen 1973.

PAYNE, R.E.: Alkylation – What You Should Know About This Process;
Petroleum Refiner 37 (1958), S. 316 ff.

RIESTER, W.F.: (1964-2) Untersuchungen über Anwendungsmöglichkeiten der Linearen
Planungsrechnung zur Erhöhung der Wirtschaftlichkeit und Rentabilität in der
Niedersächsischen Erdölindustrie;
Forschungsbericht des Instituts für Wirtschaftswissenschaft der Technischen Univer-
sität Clausthal, Clausthal 1964.

SAUER, R.N., COLVILLE, A.R. und BURWICK, C.W.: Computer Points the Way to More
Profits;
Hydrocarbon Processing & Petroleum Refiner 43 (1964), S. 84 ff.

SYMONDS, G.H.: Linear Programming: The solution of refinery problems;
New York 1955.

SYMONDS, G.H.: Linear Programming Solves Gasoline Refining and Blending Problems;
Industrial and Engineering Chemistry 48 (1956), S. 394 ff.

STEINECKE, V., SEIFERT, O. und OHSE, D.: Lineare Planungsmodelle im praktischen
Einsatz – Auswertung einer Erhebung
DGOR-Schrift Nr. 6, Berlin, Köln, Frankfurt/Main 1973.

UBBELOHDE, L.: Zur Viskosimetrie;
Leipzig 1943.

VEREIN HÜTTE (Hrsg.): Hütte,
Des Ingenieurs Taschenbuch, Band 1 Theoretische Grundlagen; Berlin 1955.

WALTHER, C.: Anforderungen an Schmiermittel;
Maschinenbau 10 (1931), S. 671 ff.

ZERBE, C.: Mineralöle und verwandte Produkte;
Berlin, Göttingen, Heidelberg 1952.

II.5 Ein mathematisches Planungsmodell des Gassektors*

Der nachstehende Bericht gibt zunächst eine Übersicht über die Entwicklung der Britischen Gasindustrie und der Anwendung von Operations Research Studien in der Britischen Gasindustrie. Schließlich wird als Beispiel ein dynamisches Optimierungsmodell für die Ausbau- und Umstellungsplanung der Gasversorgung beschrieben.

Die seit 1949 verstaatlichte britische Gasindustrie unterlag seit 1960 einem raschen Wandel. Zuerst verdrängte das Öl die Kohle als Ausgangspunkt für die Gaserzeugung. Seit etwa 1965 drängt Erdgas aus der Nordsee immer stärker auf den britischen Gasmarkt.

Dadurch ergeben sich neben der fortschreitenden Expansion des Systems auch laufend Umstellungsarbeiten auf Erdgas.

Die heute in der British Gas Corporation zusammengefaßte Gasindustrie hat bereits frühzeitig mit der Anwendung von analytischen Methoden begonnen. Seit 1967 gibt es eine eigene Operations Research Abteilung, welche sich mit der Weiterentwicklung von statistischen Modellen für die Bedarfsprognose und von Planungsmodellen befaßt.

Insgesamt wurden bis Ende 1972 etwa 355 Operations Research Studien durchgeführt, oder waren zu diesem Zeitpunkt in Arbeit mit einem Aufwand von etwa 2700 Mann-Monaten.

1971 waren ungefähr 100 qualifizierte Mitarbeiter mit Arbeiten beschäftigt, die Operations Research-Charakter hatten.

Seit 1968 ist die Operations Research Abteilung in eine zentrale ökonomische Planungshauptabteilung integriert.

Die Arbeiten erstreckten sich auf Bedarfsanalyse, Wirtschaftsplanung (Bau und Betrieb), Verteilungssysteme, Produktion, Übertragungssysteme, Umstellung, Tarife, Finanzen u.a.

So zählt die statistische Bedarfsanalyse schon frühzeitig und auch heute noch zu den Schwerpunkten der Untersuchungsarbeiten. Es gibt u.a. ein Modell, das den Zusammenhang zwischen Gasverbrauch und Temperatur beschreibt.

Für die Auffindung der Struktur des Transportnetzes zwischen den Kohlegruben und den Gaswerken wurde um 1955 ein lineares Transportmodell eingesetzt. Bald nach 1960 wurde ein Netzmodell für die Berechnung der Gasflüsse und der Druckverteilung eingesetzt. Ebenso wurde ein lineares Optimierungsmodell für den optimalen Produktionsbetrieb mehrerer Werke entwickelt.

Jüngere Arbeiten konzentrieren sich auf die Optimierung des Übertragungs- und Verteilungssystems unter Beibehaltung einer vernünftigen Sicherheit der Versorgung.

Ferner gibt es ein Deckungsmodell, welches die verschiedenen Alternativen, einen gegebenen Bedarf zu decken, zu untersuchen erlaubt, sowie ein Modell, das unter Zuhilfenahme von Monte Carlo-Methoden die Sicherheit der Versorgung überprüft.

Nachstehend wird ein Modell für die Ausbau- und Umstellungsplanung beschrieben, welches das Verfahren der dynamischen Optimierung (diskrete Variationsrechnung) benützt.

*) Nach I.J. Whitting, The Role & Application of Model-Building in the British Gas Industry, Economic Commission for Europe, Symposium on Mathematical and Econometric Models in the Energy Sectors, Alma Ata, USSR, September 1973, Report 36.

Das dynamische Optimierungsmodell der British Gas Corporation für die Bewertung von Umstellungsstrategien der Versorgungsdistrikte

Aufgabenstellung und Zielsetzung

Die Gasgeräte der Abnehmer sollen im Laufe der Zeit auf die Lieferung von reinem Erdgas umgestellt werden. Es sollen Umstellungsbezirke abgegrenzt werden und eine Strategie für die Reihenfolge und den zeitlichen Ablauf der Umstellung entwickelt werden.

Dabei waren folgende Umstände zu berücksichtigen:
Die Lebensdauer der Erzeugeranlagen für Stadtgas, insbesondere jener, welche in der Lage sind, Erdgas beizumischen. Diese Anlagen arbeiten sehr wirtschaftlich, da im Sommer der Erdgasanteil hoch ist und nur im Winter bei hohem Verbrauch vermehrt Erzeugung aus Öl eingesetzt werden muß.

Wenn nun in der Umgebung der Anlage die Umstellung der Verbrauchergeräte auf Erdgas erfolgt, ist es unwahrscheinlich, daß Möglichkeiten zur Verteilung von Gas von dieser Anlage aus bestehen, obwohl sie billiger Gas erzeugen könnte. Steigender Bedarf in der Umgebung dieser Anlage kann zur Umstellung führen, wenn die Anlage nicht mehr zur Bedarfsdeckung ausreicht.

Verteilernetzverstärkung
Der höhere Kalorienwert von Erdgas hat indirekt den Effekt einer Verdopplung der Kapazität des bestehenden Verteilersystems. Die Verstärkung einer ungenügenden Hauptleitung wäre unwirtschaftlich, wenn die Umstellung des Bezirks ausführbar wäre.

· Lagervorräte und Abnahmekontrakte
binden die British Gas Corporation.

Markt und Wettbewerb
Das Erdgas ist wettbewerbsstark bei vielen Industrien. Je früher Zugänge (Leitungen) zu diesem Markt geschaffen werden, desto früher kann Gewinn aus investiertem Kapital gezogen werden.

Preis für das Erdgas
Wirtschaftspolitik in bezug auf das Erdgas: Der Industrie soll die Erreichung der Verbraucherziele entsprechend dem Regierungsdokument über Brennstoffpolitik vom November 1967 ermöglicht werden.

Im wesentlichen handelt es sich bei dem Modell um ein dynamisches Optimierungsmodell.

Das Optimierungsziel ist das Minimum an investiertem Kapital und variabler Produktionskosten über 15 Jahre.

Dabei wird in Jahresschritten vorgegangen. Es gibt verschiedene Möglichkeiten den Bedarf Jahr für Jahr zu decken.

Jede Kombination von Anlagen, die den Bedarf deckt, definiert einen zulässigen Zustand. Die Übergänge, die durch den konzentrierten Zubau von Anlagen entstehen, sind beschränkt auf die Kombination von zwei Arten neuer Stadtgasanlagen, eine Art neuer Erdgasanlagen, die Menge Gas, welche im verflüssigten Zustand gespeichert wird und die Höhe des Erdgasbezugs des Jahres. Der Ausbau der Verflüssigungsanlagen hängt von der Gasmenge ab, welche verflüssigt werden soll. Aus jedem alten Zustand (des Vorjahres) entsteht durch Übergänge (Zubau) ein neuer Zustand, dessen Zulässigkeit zu überprüfen ist.

Die Lösung ist die Folge von Zuständen mit den minimalen Kosten (über 15 Jahre). Geht man von irgendeinem (zulässigen) Zustand eines Zwischenjahres aus, dann hängt der optimale Zubau für die restlichen Jahre nur von diesem Zustand, aber nicht von den vorhergehenden Entscheidungen ab bzw. hängt der optimale Zubau bis zu diesem Zustand nicht von den Folgezuständen ab (Optimierungsprinzip nach Bellman). Vorwärtsrechnend bestimmt man also für jeden erreichten Zustand den Weg mit den minimalen Kosten. Für das letzte Jahr kann dann der erreichte Zustand mit den absolut minimalen Kosten für die Erreichung dieses Zustands und rückwärtsrechnend kann die zugehörige minimale Ausbaufolge ermittelt werden.

Mit dem nachstehenden Graph soll dies erläutert werden:

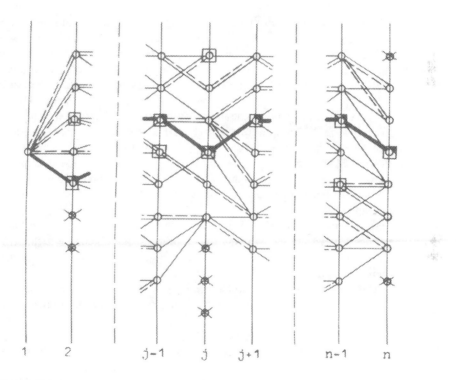

Legende:

○   zulässiger Zustand

✖   kombinatorisch bestimmter Zustand, der durch Einschränkung unzulässig wurde

———   Übergang (kommt in einem Jahresschritt u.U. auch mehrmals vor)
      Es sind nur jene Übergänge eingetragen, welche zu zulässigen Zuständen führen

- - - -   Pfade, die bis zum betrachteten Knoten kostenoptimal sind

|○| Zustand im Jahr j mit kostenoptimalem Weg bis zum j-ten Jahr

|◉| Zustand auf dem kostenoptimalen Weg in bezug auf das n-te Jahr.

Im Prinzip wird bei der Vorwärtsrechnung für jeden Zustand, der zulässig ist, sofort der Weg mit den minimalen Kosten durch eine Rückwärtsrechnung bestimmt, so daß für das nächste Jahr die Rückwärtsrechnung nur ein Jahr zurück ausgeführt werden muß.

Für das letzte Jahr ist dann nur mehr der Zustand mit den minimalen Wegkosten zu ermitteln und nach rückwärts ergibt sich die Bestimmung des Wegs, in dem vom Zustandsknoten ausgehend jeweils das Wegstück gewonnen wird, welches zum minimalen Pfad zu diesem Knoten gehört. Alle Wegstücke zu einem Zustand, welche nicht zum minimalen Pfad gehören, werden ausgeschieden.

Eingabedaten

Der Produktionszustand wird durch die verfügbaren Kapazitäten ausgedrückt. Diese werden nach der Art der Gaswerke und dem Gaserzeugungsverfahren klassifiziert. Dabei werden auch die Produktionskosten angegeben. 27 Prozesse lassen sich durch Verwendung verschiedener Vorräte an Ausgangsstoffen, der bestehenden Anlagen und den drei neuen Arten von Gaswerken – Grundlast- und Spitzlastwerke für Stadtgas und den Ersatzerdgasanlagen, angeben.

Der Bedarf wird jedes Jahr durch seine Spitzen und Täler angegeben, welche durch Stadtgas bzw. Erdgas zu decken sind. Der Jahresbedarf wird durch eine elfstufige Jahresdauerlinie dargestellt, die aus den täglichen Bedarfswerten gebildet wurde.

Verfügbarkeit von Erdgas
4 Bezugsniveaus können jedes Jahr gewählt werden. Durch das Modell wird das beste Niveau ausgesucht, wobei der Bezugspreis und die Verwendung des Erdgases berücksichtigt wird.

Umstellungsplan
Die Anzahl der Verbraucher, die jedes Jahr umgestellt werden, bestimmt die Aufteilung des Bedarfs zwischen den Erdgas- und den Stadtgassektoren. Daraus leiten sich auch die Umstellungskosten ab.

Minimale Grundlastkapazität
Diese spezielle Anlagenart besteht aus Kohlevergasungswerken und anderen Anlagen, welche aus politischen und nicht notwendig wirtschaftlichen Gründen eingesetzt werden.

Kosten und Wirkungsgrade
Betriebskosten, Lagerungserfordernisse und Wirkungsgrad bereits praktizierter Prozesse und jener,die zum Einsatz kommen könnten, gehören zur Eingabe.

Einsatzreihung der Prozesse
Jeder Prozeß erhält eine Nummer und die Prozesse werden für Verwendung im Spitzenbereich und im normalen Bereich gereiht. Die Reihung bestimmt die Ordnung, in welcher Prozesse verwendet werden, um den Stadtgasbedarf in einem Stufenband der Dauerlinie zu decken.

Optimierung

Aus diesen Eingabedaten werden für jedes Jahr zulässige Zustände konstruiert, bei welchen der Jahresbedarf gedeckt wird. Der Zustand ist definiert durch neue Stadtgaskapazitäten, Flüssiggasspeicherung, Ersatz-Erdgasanlagen und ein Verfügbarkeitsniveau für Erdgas. Die Anlagen werden im stärkeren oder schwächeren Maß eingesetzt, je nachdem der Bedarf und die Verfügbarkeit von Erdgas variiert. Das Verfügbarkeitsniveau für Erdgas wird jahresweise konstant angenommen. Wenn aber der Bedarf des direkten Versorgungssystems steigt, dann wird ein variabler Anteil Erdgas bei der Stadtgaserzeugung frei.

Der billigste Weg ist eine Folge von Jahreszuständen. Die Gesamtkosten setzen sich aus den Produktionskosten jedes Zustands und der Kapitalkosten für jeden Übergang in der Folge zusammen.

Der billigste Weg, um in irgendeinem Zustand anzukommen, wird nur in bezug auf den billigsten Weg,zu dem Vorjahrszustand zu gelangen, berechnet.

Zu den Kosten, welche das Modell bestimmt, müssen die Kosten für die Verbraucherumstellung, Hauptleitungsverstärkung und die festen Anlagekosten gerechnet werden. Diese hängen von der Menge erzeugten Stadtgas und dem Ersatz-Erdgas und von der Anzahl umgestellter Verbraucher ab, welche für jeden Lauf fest angenommen sind und daher nicht die Auswahl des billigsten Weges für diesen Lauf beeinflussen.

Ausgabedaten

Die Ausgabe liefert detaillierte Informationen über den optimalen Plan in jedem der 15 Jahre der Planungsperiode. Der optimale Zustand jedes Jahres wird ausgedruckt in Form des gewählten Erdgasbezugsniveaus, Kapazitäten der Kohlenvergasungsanlagen, Flüssiggasspeichermengen und Verflüssigungsanlagen, neuer Stadtgasanlagen (Grundlast- und Spitzenlastzwecke), und neue Ersatz-Erdgasanlagen, Betriebskosten des Zustands (nur Produktionskosten), Kapitalkosten der Anlagen und Verflüssigungsanlagen, die während des Jahres installiert wurden, sowie die Summen von Kapital- und Betriebskosten diskontiert auf das Anfangsjahr. Zusätzliche Information wird über den Brennstoffeinsatz gegeben und die Mengen verflüssigten Erdgases, welcher für das Stadtgassystem und das Erdgassystem verwendet werden.

Vollständige Einzelheiten der Erdgasverwendung sind aus der ausgedruckten elfstufigen Dauerlinie zu erkennen. Diese zeigt für jeden Bereich,wie das Erdgas eingesetzt wurde, um den direkten Bedarf zu decken und für Anreicherung, Verfeuerung und für Reformer bei Stadtgaserzeugern und für Verflüssigung. Zusätzlich wird die Deckung des Stadtgasbedarfs für jeden Bereich gezeigt und Einzelheiten über die Verwendung der Erdgasreformer. Das entspricht dem jährlichen Produktionsprogramm für Stadtgas.

Ein zusätzlicher Ausdruck liefert eine Zusammenstellung aller zulässigen Zustände neben dem billigsten Weg. Das ist nützlich, da dies Schätzungen der Kostenempfindlichkeit alternativer Lösungen ermöglicht.

Verwendung des Modells

Das Modell wird parametrisch verwendet, wobei nur ein Parameter von Lauf zu Lauf verwendet wird. Für Umstellungsuntersuchungen entspricht jedem Umstellungsplan ein Lauf.

Wenn für einen bestimmten Umstellungsplan verschiedene Erzeugungsstrategien verglichen werden sollen oder verschiedene Behandlungsweisen der Kohle- und Ölverträge, dann ist eine Menge von Läufen erforderlich.

(Auf einer UNIVAC 1107 beträgt die Zeit für einen Lauf ungefähr 2 Minuten).

Das Modell berechnet nicht direkt optimale Werte von Variablen und bestimmt daher nicht den optimalen Umstellungsplan. Es berechnet für einen gegebenen Umstellungsplan den besten Produktions- und Investitionsplan. Durch Vergleich dieser für mehrere Umstellungspläne kann ein bevorzugter Plan herausgearbeitet werden.

Bemerkung

Der Vergleich der Verhältnisse und Modelle verschiedener Sektorensysteme führt zur Erkenntnis, daß starke Ähnlichkeiten, besonders zwischen dem Gassektor und dem Elektrizitätswirtschaftssektor bestehen. Das betrifft sowohl die Bedarfsprognose als auch die Ausbauplanung und die Einsatzsimulation.

II.6 Ein mathematisches Planungsmodell des Elektrizitätssektors
Das Investitionsmodell 85 der Electricité de France

Die Modellbildung

Das Investitionsmodell umfaßt eine Zielfunktion (Kostenfunktion) und eine Menge von Nebenbedingungen. Als Ergebnis der Auflösung des Modells soll sich für eine zukünftige Periode der Umfang und die Struktur des zukünftigen Kraftwerkesystems ergeben, so daß der erforderliche Zubau von Kraftwerken bei minimalen Kosten damit festgelegt werden kann. Berücksichtigt werden in dem Modell folgende Kraftwerksarten:
Wasserkraftwerke (Laufwerke), Laufwerke mit Kurzzeitspeicherung, Jahresspeicherwerke, auch solche mit erhöhter Leistungsauslegung und Wärmekraftwerke (solche mit fossilen Brennstoffen, Kernkraftwerke und Gasturbinenkraftwerke).
Als Lösung ergibt sich z.B. für die zweite Fünfjahresperiode des Zeitraums 1965 bis 1985, daß jährlich Wärmekraftwerke im bestimmten Ausmaß gebaut werden sollen, während der starke Ausbau der Kernkraftwerke erst nach 1980 erfolgen wird. Der Wasserkraftausbau sollte mit einer bestimmten Rate bis 1980 zu Ende geführt werden. Speicherkraftwerke für Spitzendeckung werden auch in Zukunft parallel zu Kernkraftwerken erforderlich sein. Gasturbinenkraftwerke werden vor 1980 kaum als wirtschaftlich betrachtet.
Neben dem Investitionsmodell, welches eine globale Lösung liefert, werden auch noch andere Methoden für die Ausbauentscheidungen als wesentlich betrachtet. Es sind dies die Methode der Rentabilitätskoeffizienten, wie sie in der sogenannten „Blauen Notiz" beschrieben ist, um besondere Eigenschaften des Einzelprojekts zu berücksichtigen, spezielle Studien und Planungsanpassungsmethoden.
Das Investitionsmodell 85 ist ein nichtlineares Optimierungsmodell, das entsprechende Auflösungsverfahren verlangt. Angewendet wird ein iteratives Verfahren, das sogenannte reduzierte Gradientenverfahren von P. Wolfe, das in 4) beschrieben ist. Charakteristisch für das Modell ist die Nichtlinearität der Zielfunktion. Die Nebenbedingungen hingegen sind linear, was den Einsatz des erwähnten Auflösungsverfahrens ermöglicht, wobei von einer Anfangslösung ausgegangen wird.
Das Investitionsmodell 85 ist ein Meilenstein in der Entwicklung von Modellen, die ungefähr 1954 einsetzte und die mit linearen Optimierungsmodellen begann, deren Umfang immer größer wurde:
1954, Erstmodell mit 5 Variablen und 4 Nebenbedingungen.
1957, Dantzig-Modell mit 90 Variablen und 70 Nebenbedingungen.
1958, Modell mit 200 Variablen und 180 Nebenbedingungen.
1961, Drei-Plan-Modell mit 253 Variablen und 234 Nebenbedingungen.

Dabei wurde die Erkenntnis gewonnen, daß bei zunehmender Detaillierung und entsprechend vergrößerter Anzahl der Variablen und der Nebenbedingungen die Handhabung der Modelle immer schwieriger wurde. Es wurde daher auf diesem Weg nicht unbeschränkt weitergegangen und als ein gewisser Abschluß dieser Entwicklung entstand 1965 das Investitionsmodell 85.

Das Investitionsmodell 85 umfaßt 150 Variable (54 für Kraftwerkskosten und 96 für Einsatzkosten) und 53 Nebenbedingungen. Die Zielfunktion (Kostenfunktion) ist die Summe eines linearen Ausdrucks für die thermischen Investitionskosten und von 140 nichtlinearen Ausdrücken, die teils hydraulischen Projekten zugeordnet sind.

Charakteristisch für das Modell ist die Ermittlung der Reserve für das System. Diese wird nicht wie sonst üblich durch Anwendung eines Reservefaktors oder bei stochastischen Betrachtungsweisen durch Anwendung eines Sicherheitskoeffizienten (z.B. Erwartungswert der Ausfallstunden im Jahr) bestimmt, sondern durch Optimierungsüberlegungen, die mit volkswirtschaftlichen Ausfallskosten arbeiten. Letztere gehen direkt in die Zielfunktion ein. Wird beim Kraftwerksbau gespart, dann steigen die Ausfallskosten. Wird kräftig investiert, dann sinken die Ausfallskosten.

Es ist daher ein Optimum zu erwarten. Große Schwierigkeiten bereitet das Schätzen der Ausfallskosten. Diese werden daher parametrisch behandelt. D.h. es wurden Sensitivitätsstudien angestellt. Dabei zeigte sich, daß die Ergebnisse des Modells bei der Ausbauplanung bis zum Jahr 1985 in bezug auf die Struktur des Kraftwerkssystems nur unwesentlich geändert wurden, selbst wenn dieser Kostenfaktor im Verhältnis 1:4 variiert wurde. Auch auf den Ausbauumfang ist der Einfluß der Ausfallskosten nur gering.

Die große Bedeutung der Investitionsmodelle liegt gerade in der Ermöglichung solcher parametrischer Studien, welche zeigen, ob die Ergebnisse stark oder schwach auf die Veränderungen des Parameters reagieren.

Im Hinblick auf die Vielfalt der möglichen Ergebnisse bei der Variation der Parameter werden diese Ergebnisse unter Anwendung der Spieltheorie (ein unglücklicher Name!) gleichsam einer Nachoptimierung unterzogen. In diesem Falle wird das Minimax-Regret-Kriterium von Savage angewendet.

Dabei werden die Parameter durch Wahrscheinlichkeiten bewertet. Im allgemeinen handelt es sich gerade bei den Wahrscheinlichkeiten der hier in Frage kommenden Parameter nicht um objektive Wahrscheinlichkeiten (d.h. um quantifizierte Erfahrungen, also relative Häufigkeiten aus Statistiken größeren Umfangs), sondern um subjektive Meinungen, die quantifiziert ausgedrückt werden und besser als Plausibilitäten bezeichnet werden sollten, auch wenn ihnen Expertenkonsens ein größeres Gewicht geben sollte.

Breiter Raum wird in 2) der Erläuterung der Anwendung stochastischer Methoden gegeben und auf die Schwierigkeiten hinsichtlich der Bestimmung von Wahrscheinlichkeiten hingewiesen. Hinsichtlich der Niederschläge und damit der hydraulischen Erzeugung bestehen reichliche Erfahrungsgrundlagen, so daß in diesem Fall sehr gut mit Wahrscheinlichkeiten und Erwartungswerten gerechnet werden kann.

Bereits beim Bedarf bestehen große Schwierigkeiten Wahrscheinlichkeiten anzugeben. Das betrifft sowohl die Größe des Jahresbedarfs als auch die täglichen Lastkurven, besonders dann, wenn wie bei der Ausbauplanung der Bedarf auf Jahrzehnte voraus angegeben werden sollte.

Bei dem Investitionsmodell 85 wird noch mit dem Begriff der Nichtverfügbarkeit gearbeitet. Bei diesen werden die geplanten Ausfälle infolge Revision und die zufälligen Ausfälle durch Störungen zusammen erfaßt.

Im Modell wird der Planungszeitraum von 20 Jahren in Fünfjahresperioden unterteilt und es wird mit dem Erwartungswert der Einsatzkosten der thermischen Kraftwerke unter verschiedenen Hydraulizitäten und Nichtverfügbarkeiten gerechnet. Der Bedarf wird durch fünf Stundenarten repräsentiert (Sommerschwachlaststunden, Sommerstarklaststunden, Winterschwachlaststunden, Winterstarklaststunden und die Spitzenlaststunden).

Bei vielen wesentlichen Faktoren können keine objektiven Wahrscheinlichkeiten angegeben werden. Dies betrifft alles, was mit den Kosten neuer Technik zusammenhängt, Ausfallwahrscheinlichkeiten von Kernkraftwerken* u.a.

In diesen Fällen wird dafür eingetreten, mit Plausibilitäten zu rechnen. Diese Faktoren werden parametrisch eingeführt und durch Plausibilitäten bewertet.

Für die Vorbereitung einer Entscheidung — und hierzu dienen Modelle und hier endet auch ihre Rolle — sollten dem Entscheidenden in klarer Form zwei Zuordnungen dargestellt werden können:

Wenn die und die Entscheidung getroffen wird, dann werden bei Eintritt der und der Eventualitäten die und die Folgen eintreten.

Wenn die und die Meinung angenommen wird, wird die optimale Entscheidung die und die sein.

Der Modellansatz und das Auflösungsverfahren

Im Prinzip ist die formale Darstellung sehr einfach.

Zielfunktion $\qquad$ $f(z) = \text{Min}\,!$

Nebenbedingungen $\qquad$ $g_i(z) = 0$.

$\quad$ z $\quad$ — strategische Variable (Kraftwerkskosten)

$\quad$ f(z) $\quad$ — nichtlineare Kostenfunktion

$\quad$ $g_i(z)$ — Menge der linearen Nebenbedingungen.

Die Kostenfunktion umfaßt die Kraftwerkskosten (hydraulische und thermische), die Einsatzkosten der thermischen Kraftwerke und die Ausfallskosten.

Die Nebenbedingungen sind linear und drücken aus, daß der Bedarf in jeder Periode gedeckt werden muß, den maximalen Umfang für jede Kraftwerksart und die Bedingungen, daß die Kraftwerke während eines gewissen Zeitraums nach ihrer Inbetriebsetzung voll eingesetzt werden.

Die Nichtverfügbarkeit und die „Kinderkrankheiten" der Wärmekraftwerke werden durch Abminderungsfaktoren in Rechnung gestellt.

---

*) Das Modell wurde 1965 entwickelt. Damals waren die Kenntnisse über Bau- und Betriebskosten von Kernkraftwerken bestimmt unsicherer als heute. Über Ausfallswahrscheinlichkeiten können z.B. auch heute noch keine verbindlichen Aussagen gemacht werden.

Der Auflösungsalgorithmus von P. Wolfe (reduziertes Gradientenverfahren) benötigt 150 bis 600 Iterationen, um die optimale Lösung zu bestimmen. Die Dauer einer Iteration, bei der mehrmals die Gesamtkosten und deren Ableitungen berechnet werden, beträgt auf einer CDC 6 600 ca. 2 Sekunden.

Die erhaltenen Lösungen sind sensitiv in bezug auf die zugrundegelegte Entwicklung der ökonomischen Daten. Die zukünftigen Brennstoffkosten, die zukünftigen Kernenergiekosten und die Entwicklung des Bedarfs (Größe, Struktur) sind die wichtigsten Einflüsse. Parametrische Untersuchungen sind unbedingt erforderlich.

Das Auflösungsverfahren ist ein Gradientenverfahren.
I sind die Investitionskosten und y ist der spezifische Wärmeverbrauch. Durch diese Größen werden die Investitionen für die Wärmekraftwerke bestimmt, welche gesucht werden. Bei einer Änderung dI und dy tritt eine Verkleinerung der Gesamtkosten f auf, wenn $df < 0$ ist. Nach dem Theorem von Kuhn und Tucker ist man beim Optimum, wenn die Änderung der Gesamtkosten von erster Ordnung 0 ist, wobei die Nebenbedingungen einzuhalten sind.

Es gilt

$$df = \frac{\partial f}{\partial I}\, dI + \frac{\partial f}{\partial y}\, dy \quad .$$

Eine Verbesserung bedingt $df < 0$ oder

$$\frac{dI}{dy} < -\frac{\partial f}{\partial y} \Big/ \frac{\partial f}{\partial I} \quad . \tag{1}$$

Eingeführt wird

$$\tau(I,y) = \frac{\partial f}{\partial y} \Big/ \frac{\partial f}{\partial I} \quad .$$

Die realisierbaren Kraftwerke definieren einen bestimmten Bereich in der I,y-Ebene, der durch eine Kurve $I = \psi(y)$ umschlossen wird.

Das zu lösende Problem lautet:

$$\text{Min } f(z,I,y) \; !$$

$$g_i(z) \leqslant 0$$

$$I = \psi(y) \quad .$$

Die optimale Lösung z^*, I^*, y^* muß den Bedingungen des Gleichungssystems genügen und den zwei zusätzlichen Bedingungen

$$\frac{\partial t}{\partial y} - \lambda \frac{d\psi}{dy} = 0$$

$$\frac{\partial f}{\partial I} + \lambda = 0 \quad .$$

D.h.

$$\frac{\partial f}{\partial y} \Big/ \frac{\partial f}{\partial I} = \frac{d\psi}{dy} \quad . \tag{2}$$

Diese Bedingung gestattet die eindeutige Bestimmung der optimalen Wärmekraftwerke.
Der Gradient muß tangential zur Randkurve des I,y-Bereichs sein.

Damit ist der Lösungsweg vorgeschrieben:
Bestimmung der Kurve I = $\psi(y)$, welche den Bereich umschließt, der für die realisierbaren
Wärmekraftwerke repräsentativ ist.

Bestimmung des Ausdrucks $\quad \tau(y) = \dfrac{\partial f}{\partial y} / \dfrac{\partial f}{\partial I}$.

Auswahl der optimalen Kraftwerke, welche der Bedingung

$$\tau(y) = \frac{dI}{dy}$$

genügen.

Bemerkung

Das oben beschriebene Investitionsmodell 85 der Electricité de France nach 1) und
2) entspricht nicht dem letzten Stand der Entwicklung, wie aus 3) hervorgeht. Doch ist der
heute erreichte Stand nur die logische Weiterentwicklung des Investitionsmodells 85. Die
wesentlichen Grundlagen der Investitionsmodelle sind in 1) und 2) ausführlich beschrieben,
so daß diesen Veröffentlichungen gefolgt wurde.

1) ECE/VAR/SYMP/EP/A.8
   9. April 1970
   Use of an Investmodel and Analysis of Alternative
   Technical Solutions
   by Mr. S. Saumon (France)

2) United Nations Publication E/ECE/665
   Macro-Economic Models for Planning and Policy-Making
   "The Investments 85 Model of Electricité de France"
   (übersetzt in ÖZE, Heft 1, 1974. Das Investitionsmodell 85 der Electricité de France)

3) ECE/Energy/SEM.1/R 18
   9. May 1973, Alma Ata (USSR)
   The System of Economic Models of Electricité de France

4) P.G. Moore and S.D. Hodges
   Programming for Optimal Decisions
   Beitrag von P. Wolfe (1967) Methods of non-linear Programming
   Penguin modern Management Readings

III. STAND DER PLANUNGSMETHODEN IM BEREICH DER ÖSTERREICHISCHEN ENERGIEWIRTSCHAFT

III.1 Kohlenbergbau

Nach einem ständigen Rückgang des Anteiles der Kohle (heimische und ausländische) am Rohenergieaufkommen Österreichs zufolge der Substitution durch die Energieträger Erdöl und Erdgas im letzten Jahrzehnt gewinnt dieser Rohenergieträger mit Rücksicht auf die zunehmende weltweite Energieverknappung, die steigenden Energiepreise und die immer größere Importabhängigkeit bei der Energieaufbringung in jüngster Zeit wieder im zunehmenden Maße an Bedeutung.

Die technisch gewinnbaren Lagerstättenvorräte an Braunkohle in Österreich werden bei den bestehenden Kohlenbergbauunternehmen dzt. auf rd. 80 Mio t geschätzt, was bei der heutigen Produktionshöhe einer Lebensdauer von rd. 30 Jahren entspricht. Zu diesem Kohlevorkommen kommen einige nicht aufgeschlossene Reservefelder hinzu, sowie Vorkommen, die außerhalb des Verfügungsbereiches der in Produktion stehenden Gesellschaften liegen, wie z.B. Zillingdorf, Deutsch-Schützen, Lavanttal usw. Die Untersuchungen der kohlenhöffigen Gebiete im Bereich der Kohlenbergbaue sind bereits im Gange. Insgesamt werden die A + B-Vorräte auf rd. 145 Mio t, die A + B + C auf rd. 217 Mio t geschätzt.

Mit der Aussicht auf Ausweitung der Produktion in bestehenden Grubenbetrieben und durch neue Grubenaufschlüsse gewinnen auch die Planungsmethoden in dieser Sparte der Energiewirtschaft immer mehr an Bedeutung.

III.1.1 Problematik des Bergbaues

Die Ausbauplanung und die Planungsmethodik in der Energiewirtschaft muß den spezifischen Gegebenheiten des Energieträgers Rechnung tragen. Dies trifft im besonderen für den Energieträger Kohle und für den Bergbaubetrieb im allgemeinen zu. Die Problematik, die beim Aufschluß eines neuen Grubenbetriebes oder bei der Zusammenlegung mehrerer Gruben auftritt, ist durch die nachstehend angeführten wesentlichen Besonderheiten gekennzeichnet:
1. Der Bergbau wird von der jeweiligen Lagerstätte bestimmt, die nur in engen Grenzen erfaßbar ist.
2. Der Bergbau geht mit dem Abbau der verfügbaren Substanz zu Ende. Die Lagerstättensubstanz wird aufgezehrt.
3. Die Besonderheiten der geologischen Verhältnisse und der bergtechnischen Gegebenheiten (,,bergmännisches Risiko") beeinflussen entscheidend Kosten und Wirtschaftlichkeit und erschweren die Planung (wasserführende Schichten, wechselnde Tragfähigkeit der Hangendschichten, Auftreten von Gas- und Kohlenstaub, Selbstentzündungen etc.).
4. Die Notwendigkeit eingehender und kostspieliger Untersuchungs- und Prospektierungstätigkeit zur Feststellung der zu erwartenden Lagerstättenverhältnisse und der wirtschaftlichen Gewinnungserwartungen.
5. Der Standort des Betriebes ist durch die Lagerstätte bestimmt, eine Anpassung an das Absatzgebiet und die Verkehrsverhältnisse ist nur in geringem Ausmaß gegeben.
6. Die Produktion ist relativ unflexibel. Voraussetzung ist ein gesicherter Absatzumfang.

7. Schwierigkeiten bei der Arbeitskräftebeschaffung für die unattraktiven Arbeiten untertage.
8. Starke Kostenbelastungen durch hohe Lohnkostenanteile.
9. Beeinträchtigung der Erdoberfläche durch Bergschäden auch nach Stillegung eines Grubenbetriebes.

III.1.2 Produktionskosten und Wirtschaftlichkeit eines Bergbaubetriebes

Die wichtigste und vordringlichste Aufgabe beim Aufschluß eines neuen Grubenbetriebes ist die Bestimmung der Produktionsgröße und die Lebensdauer des Betriebes. Die Erkenntnis, daß große Einheiten unter den gleichen Bedingungen billiger erzeugen können, gilt
auch für den Bergbau. Die Bestrebung zur größeren Konzentration in der Gewinnung führt
zur besseren Ausnützung der maschinellen Einrichtungen, Verringerung des Mannschaftsstan-
des und Vereinfachung des Transportes. Diese Überlegungen sind in Ländern mit großen
Lagerstättenvorräten leicht anwendbar, bei kleineren Lagerstätten, mit denen wir in Österreich zu tun haben, ist jedoch die Fördermenge in vielen Fällen durch die zur Verfügung ste-
hende Rohstoffmenge begrenzt. Unter diesen Voraussetzungen wird die Produktion mit der
Höhe der noch tragbaren Belastung durch die Abschreibungen bzw. durch die Größe des Vor-
kommens bestimmt. Die wirtschaftlich beste Betriebsgröße ist von außen her nur durch die
Nachfrage nach ihren Erzeugnissen, sonst immer von der Lagerstätte her bestimmt.

Die Produktionskosten eines Bergbaubetriebes werden im wesentlichen bestimmt
durch:
1. Die Lagerstätte (Tagbau, Tiefbau, Stollen- oder Schachtaufschluß, Teufe, Flözmächtigkeit,
   Art der Ablagerung, Gas-, Kohlenstaub- oder Brandgefährdung, Gebirgsdruck etc.).
2. Ausnützung der rechnerisch optimalen Produktionsmenge, die wieder in Abhängigkeit von
   der Lagerstätte steht und bei bestehenden Betrieben oft auch durch die Zusammenlegung
   mehrerer Betriebe erreicht werden kann.
3. Den Mechanisierungsgrad im Vortrieb, in der Gewinnung und beim Transport.
4. Den Gebirgsverhältnissen angepaßten Ausbau und die dadurch möglichst sparsame Gruben-
   erhaltung.
5. Die optimale Ausnützung der eingesetzten Betriebsmittel.

Aufgrund einer Kostenträger- und Erlösrechnung wird die Wirtschaftlichkeitsrechnung
durchgeführt, wobei alle voraussichtlichen Kostenänderungen (bei Personal- und Material-
kosten, Steuer, Versicherungen und Fremdleistungen) und Erlösänderungen berücksichtigt
werden.

Grundlage für die Kostenträgerrechnung sind die geplante Produktion, die angenommenen Betriebskosten, die Abschreibungen für Anlagen, die Verzinsung des eingesetzten Kapitals
und die Verwaltungskosten. Die Abschreibungen für Anlagen hängen vom Investitionsobjekt
ab. Bei Schächten und dem Hauptstreckennetz und den meisten Übertageanlagen, ausgenom-
men kurzlebige Auffahrungen, Ausbau und maschinelle Einrichtungen, ist die Lebensdauer
des Betriebes maßgebend.

Bei der Erstellung der Wirtschaftlichkeitsrechnung werden auf der Gestehungskosten-
seite die ungünstigeren Lagerstätten- und Betriebsverhältnisse angenommen, um das bergmän-
nische Risiko möglichst herabzusetzen. Auf der Erlöseite, wo die Preisentwicklung nur schwer
vorhersehbar ist, wurde bisher mit geringen Zuwachsraten gerechnet.

Die Wirtschaftlichkeit und damit die Zweckmäßigkeit der geplanten Investitionsvor-
haben wird durch das dynamische Rechnungsverfahren -- die interne Zinsfußrechnung beur-

teilt; dabei werden die Abschreibungen und die Kapitalverzinsung von den Selbstkosten abgezogen. Die effektive Kapitalverzinsung wird durch den internen Zinsfuß ausgedrückt. Errechnet wird jener Zinsfuß, bei dem der Kapitalwert (Summe der abgezinsten Rohüberschüsse) dem Investitionsaufwand gleich ist.

Die Braunkohlengruben werden in erster Linie dort wirtschaftlich bestehen können, wo zu großen Verbrauchern kurze Transportwege vorhanden sind (Wärmekraftwerke in Grubennähe), die Manipulationen auf das Mindeste herabgesetzt werden können – eventuell auch ohne Aufbereitungsanlagen sowie Verzicht auf die Erzeugung mehrerer Kohlensorten – und wo die Produktionsmenge optimal der Lebensdauer der Lagerstätte und der erforderlichen Amortisationsdauer für Maschinen und Einrichtungen angepaßt werden kann.

III.1.3 Planungsmethoden

Aufgrund der meist schwierigen und beengten Lagerstättenverhältnisse im österreichischen Kohlenbergbau, die eine exakte Planung voraussetzen, um bei der Durchführung optimale Ergebnisse zu erzielen – auf die spezifischen Eigenheiten kleiner Lagerstätten wurde bereits verwiesen – wird beim österreichischen Bergbau z.B. die Methode der Netzplantechnik angewendet.

Mit diesem Verfahren wird der Verlauf der vorgesehenen Ereignisse von der Planung bis zur Inbetriebnahme einer Anlage, eines Grubenteiles, einer Auffahrung, eines Abbaubetriebes usw. übersichtlich gemacht und eine geordnete Zeit- und Abbauplanung gesichert. Vor allem wird die Critical Path Method (CPM) verwendet, bei der die Vorgänge als Pfeile und die Ereignisse als Kreise dargestellt werden. Diese wurde 1959 veröffentlicht und für die Planung und Kontrolle von Bau- und Instandsetzungsarbeiten in der chemischen Industrie entwickelt. Mittels der Netzplantechnik werden im Bergbau hauptsächlich Planungen größerer Bauvorhaben, aber auch Teilbereiche unter- und übertage durchgeführt.

Als Beispiel sei hier die Projektierung des Karlschacht Tagbaues 2 beschrieben. Da es sich hierbei um die Planung und Durchführung eines sehr komplexen Vorhabens handelte, hauptsächlich infolge der oft schwer übersehbaren Teilarbeiten, die sowohl nebeneinander sowie nacheinander durchzuführen waren, wurden die Netzplantechnik und das Balkendiagramm herangezogen.

Die Planung dieses Tagbaues mußte mit der Auskohlung des Karlschacht Tagbaues 1 abgestimmt werden, um die Kontinuität der Produktion nicht zu gefährden. Die Grundlage für die Erstellung des Netzplanes bildeten:

Allgemeine Planung

Für die Wahl des Kohlenfeldes waren die Nähe der Zentralsortierung, die Kohlenqualität und die wirtschaftliche Gewinnung maßgebend. Dazu war es notwendig:
1. Die über das gewählte Gelände führende Eisenbahn Graz-Köflach nach Norden zu verlegen, wobei eisenbahnrechtlich Vorschriften eingehalten werden mußten.
2. Verlegung des über dem künftigen Tagbaugelände führenden Gradenbaches im Bereich der Gemeinde Rosental.
3. Verlegung einer Landes- und einer Gemeindestraße.
4. Verlegung der Trinkwasserleitung – Bärnbach-Marienschacht – Rosental und der Gemeindekanalisation sowie die Verlegung von Strom- und Telefonleitungen.

Die Lagerstätte

Mit einem Bohrlochabstand von rd. 50 m wurden insgesamt 112 Bohrungen mit einer durchschnittlichen Bohrlochtiefe von 56 m abgestoßen, weitere 47 Bohrungen waren noch im Planungsstadium vorgesehen. Mit diesen Bohrungen konnten die geologische Situation, wie Überlagerungsverhältnisse (Abraum zu Kohle) und die hydrologischen Verhältnisse der abzubauenden Kohlenlagerstätte sowie die zu erwartende Kohlenqualität ermittelt werden.

Rechts- und Besitzverhältnisse

Nach der Überprüfung der vorliegenden Grubenmaße und nach Klärung der Besitzverhältnisse im Bereich des künftigen Bergbaubetriebes konnte aufgrund der vorgegebenen Termine über den Projektbeginn, über den Beginn der Abraumgewinnung sowie der Kohlenförderung ein Netzplan erstellt werden, um die recht knapp gestellten Termine einhalten zu können. Dabei hat sich gezeigt, daß einige „kritische Wege" im Zeitplan für die rechtzeitige Durchführbarkeit des Vorhabens besonders beachtet werden mußten, wie z.B. die Arbeiten an der Bahnstraße und die Bestellung der Dammaufschüttung.

Für die Terminplanung wird aufgrund von Schätzungen der Dauer der einzelnen Teilvorgänge und aufgrund der im Netzplan (Beilage 1) dargestellten Abhängigkeit das Balkendiagramm verwendet. In der Beilage 2 wird zum Verständnis der einzelnen Vorgänge des Netzplans die Liste über die einzelnen Vorhaben mit den angeführten Terminen beigelegt. Grundsätzlich sollte bei allen Vertriebs- und Abbauplanungen die Netzplantechnik eingesetzt werden.

Daneben bietet die mathematische Statistik ein Instrument, welches vielfach für die Betriebssteuerung (die Kontrolle der Produktions- und Terminabweichungen) im Bergbau Anwendung findet, wobei als Ziel die Analyse der Abweichungen vom Sollzustand gegeben werden soll.

Das Bestreben im Betrieb, und zwar in einem vollen Umfang das Gesamtoptimum zu erzielen, wird sein, Optimierungsverfahren sowohl bei Großvorhaben wie auch in Teilbereichen durchzuführen.

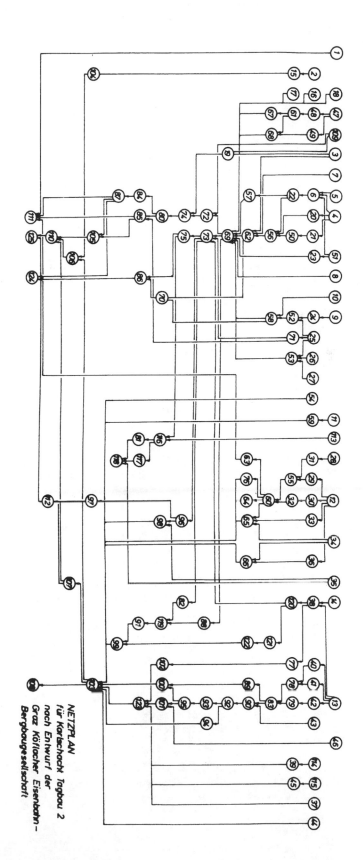

NETZPLAN
für Karlschacht Tagbau 2
nach Entwurf der
Graz Köflacher Eisenbahn-
Bergbaugesellschaft.

Beilage 1

Beilage 2

Zum Netzplan für Karlschacht Tagbau 2

Nr.	Aktivitätsbezeichnung	Dauer	frühest		spätest		Puffer-zeit
			A	E	A	E	
1	Gradenbach: Regulierung	70	0	70	44	114	44
2	O-Anlagen: Werkstätte ZS. verlegen	10	0	10	82	92	82
3	Abraum: Abraumbänder: Projektierung, Kommissionierung	10	0	10	23	33	23
4	Straße Marien #: Projektg., Kommissionierung, öffentl. Ausschreibung	16	0	16	4	20	4
5	Straße Marien #: Grundablösen	8	0	8	12	20	12
6	Straße Marien #: Haus Marienschacht Nr. 4 abreißen	1	20	21	20	21	0
7	Abraum: Lieferzeit Einschüttband, Steigb., 3 Bagger zubr.	32	0	32	1	33	1
8	Abraum: Grundablösungen für Bahneinschnitt	12	0	12	27	39	27
9	E-Anlagen: Lieferzeit Schalter	20	0	20	8	28	8
10	E-Anlagen: Lieferzeit Kabel für Abraumbänder	6	0	6	31	37	31
11	E-Anlagen: Lieferzeit Kabel Band-Karlschacht	4	0	4	107	111	107
12	Band Karlschacht: Projektierung, Kommissionierung	16	0	16	57	73	57
13	Eisenbahn: Projektg., Kommissionierung, öffentl. Ausschreibung	16	0	16	1	17	1
14	Eisenbahn: Grundablösungen für Abstellgruppe	12	0	12	15	27	15
15	O-Anlagen: Mannschaftsbad einrichten	20	10	30	92	112	82
16	O-Anlagen: Betriebsleitung einrichten	12	0	12	27	39	27
17	O-Anlagen: Werksplatz einrichten	4	0	4	35	39	35
18	Bohrungen: Bohrungen längs Bahnstraße	16	0	16	23	39	23
19	Abraum: Überführung bestehende Bahnstraße	8	32	40	49	57	17
20	Straße Marien #: Bandunterführung	3	16	19	26	29	10

A ..... Anfang
E ..... Ende

Nr.	Aktivitätsbezeichnung	Dauer	frühest		spätest		Puffer-zeit
			A	E	A	E	
21	Straße Marier. #: Fundamente Brücke	5	16	21	22	27	6
22	Straße Marier. #: Aushub, Schotterbett	8	21	29	21	29	0
23	Abraum: Haus Marienschacht Nr. 1 abreißen	6	20	26	33	39	13
24	E-Anlagen: 20 kV-Station Nord bauen	8	20	28	28	36	8
25	E-Anlagen: Montage 20 kV-Leitung	4	0	4	32	36	32
26	E-Anlagen: 5 kV-Station Marienschacht bauen	3	0	3	33	36	33
27	E-Anlagen: Trafostation Tonnlage Umbauarbeiten	2	0	2	34	36	34
28	Band Karlschacht: Lieferzeit Förderbandbrücke, Umfahrungsband	32	0	32	48	80	48
29	Band Karlschacht: Fundamente Tonnlagenband	3	16	19	83	86	67
30	Band Karlschacht: Zufahrtstraße Hochbunker	5	16	21	73	78	57
31	Band Karlschacht: Montage Umfahrungsband Hochbunker	6	32	38	80	86	48
32	Band Karlschacht: Fundamente: neuer Hochbunker, Brückenband	12	21	33	78	90	57
33	Band Karlschacht: Trassierung und Fundamente Band 7	12	16	28	99	111	83
34	Band Karlschacht: Lieferzeit Bänder U 1,2,3,7	32	0	32	73	105	73
35	Band Karlschacht: Lieferzeit Bänder U 4,5,6	32	0	32	73	105	73
36	Band Karlschacht: Trassierung und Fundamente Bänder U 1,2,3	5	16	21	100	105	84
37	Eisenbahn: Seilbahngewichte Marienschacht absichern	4	0	4	110	114	110
38	Eisenbahn: Bodenabtrag Abstellgruppe	8	16	24	27	35	11
39	Eisenbahn: Anheben Bandbrücke P 5	10	10	20	104	114	94
40	Eisenbahn: Zufahrt Kollegger samt Stützmauer	10	16	26	27	37	11
41	Eisenbahn: Brückenobjekte Mitterdorferstraße	20	16	36	17	37	1
42	Eisenbahn: Fundamente Lok-Wendeanlage	16	16	32	21	37	5
43	Eisenbahn: Demontage: 3 Gleisanlagen, 5 Weichen	6	0	6	63	69	63
44	Eisenbahn: Nordkanal: Ostabschnitt bauen (465 m)	16	0	16	99	115	99
45	Eisenbahn: Montage Überstieg ZS	10	10	20	104	114	94

Nr.	Aktivitätsbezeichnung		Dauer	frühest		spätest		Puffer-zeit
				A	E	A	E	
46	Zufahrt ZS:	Projektg., Kommissionierung, öffentl. Ausschreibung	20	0	20	82	102	82
47	Gemeindestraße:	Projektg., Kommissionierung, öffentl. Ausschreibung	12	0	12	14	26	14
48	Gemeindestraße:	Aushub neue Trasse	3	12	15	26	29	14
49	Gemeindestraße:	Verbreiterung bestehender Trasse	8	12	20	27	35	15
50	Straße Marien #:	Überstellung Brücke	2	21	23	27	29	6
51	Abraum:	Ersatzwohnungen bereitsstellen	20	0	20	0	20	0
52	E-Anlagen:	Stichleitung zur Station Nord	1	28	29	36	37	8
53	E-Anlagen:	Stichleitung zur Station Marienschacht	3	4	7	36	39	32
54	E-Anlagen:	Trafostation Tonnlage: Abschlüsse Bänder U 1,2	2	0	2	113	115	113
55	Band Karlschacht:	Verlegung Antrieb Tonnlagenband I	4	38	42	86	90	48
56	Straße Marien #:	Asphaltierung, Bankette	4	29	33	29	33	0
57	Straße Marien #:	Verlegung Trinkwasserleitung	8	29	37	31	39	2
58	E-Anlagen:	Verlegung Kabel Abraumbänder	2	29	31	37	39	8
59	E-Anlagen:	Verlegung Kabel für Band Karlschacht	4	4	8	111	115	107
60	Band Karlschacht:	Überstellung Hochbunker	20	42	62	90	110	48
61	Gemeindestraße:	Koffern, Walzen, Feinbelag	6	15	21	29	35	14
62	Abraum:	Montage, Abraumbänder	6	33	39	33	39	0
63	Band Karlschacht:	Demontage Brecher und Brückenwaage	4	62	66	110	114	48
64	Band Karlschacht:	Montage Förderbandbrücke zum Hochbunker	4	62	66	111	115	49
65	Band Karlschacht:	Montage Band U 7	4	62	66	111	115	49
66	Band Karlschacht:	Montage Band U 1,2,3	10	32	42	105	115	73
67	Gemeindestraße:	Bankette, Fertigstellung	4	21	25	35	39	14
68	Gemeindestraße:	Asphaltierung neue Trasse	4	21	25	35	39	14
69	Abraum:	Bahneinschnitt bis Y = 26.300	8	39	47	39	47	0
70	Abraum:	Halde Marienschacht abtragen	44	39	83	42	86	3

Nr.	Aktivitätsbezeichnung	Dauer	frühest A	frühest E	spätest A	spätest E	Pufferzeit
71	E-Anlagen: Demontage 20 kV-Leitung	2	4	6	45	47	41
72	Abraum: Überführung projektierte Bahntrasse	8	47	55	49	57	2
73	Abraum: Bahneinschnitt von Y = 26.300 – 26.100	17	47	64	47	64	0
74	Abraum: Montage Hauptzubringerband	4	55	59	57	61	2
75	Abraum: Bahneinschnitt Y = 26.100 – 25.950	19	64	83	67	86	3
76	Band Karlschacht: Zufahrt Hochbunker: Fertigstellung	3	62	65	112	115	50
77	Eisenbahn: Abstellgruppe: Planum, Graben, Sickerschlitze	20	24	44	80	100	56
78	Eisenbahn: Damm Zufahrtgleis ZS schütten	20	36	56	37	57	1
79	Eisenbahn: Damm Bahnhofskörper schütten	20	32	52	37	57	5
80	Abraum: Montage Zubringer Westfeld	4	59	63	61	65	2
81	Abraum: Montage Bandbrücke Band U 6	4	89	93	106	110	17
82	Eisenbahn: Stützmauer errichten	9	64	73	64	73	0
83	Eisenbahn: Zufahrtsgleis ZS, Bahnhofskörper: Planum, Sickerschl.	12	56	68	57	69	1
84	Abraum: Hauptzubringer – Unterführung	2	63	65	109	111	46
85	Abraum: Abräumen Westfeld: Sohle 410 bis Band Karlschacht	48	63	111	65	113	2
86	Abraum: Abräumen nördl. bestehender Bahnstraße, Sohle 410	52	83	135	86	138	3
87	Abraum: Verlängerung Hauptzubringer	2	65	67	111	113	46
88	Eisenbahn: Nordkanal bis Y = 26.300	8	47	55	65	73	18
89	Eisenbahn: Nordkanal Bahnhofsbereich	12	68	80	88	100	20
90	Eisenbahn: Umbau Grazer Kopf, Gleis 8, 10 fertig	10	68	78	69	79	1
91	Eisenbahn: Planum Bahneinschnitt bis Y = 25.950	20	85	105	85	105	0
92	Eisenbahn: Zufahrtgleis verlegen	10	78	88	79	89	1
93	Eisenbahn: ZS-Gleisharfe einschwenken	8	88	96	89	97	1
94	Eisenbahn: Montage Lok-Wendeanlage samt Zufahrt	12	88	100	103	115	15
95	Eisenbahn: Demontage bestehender Zufahrtsgleise	3	96	99	97	100	1

Nr.		Aktivitätsbezeichnung	Dauer	frühest		spätest		Puffer-zeit
				A	E	A	E	
96	Band Karlschacht:	Trassierung und Fundamente Bänder U 4,5	4	64	68	101	105	37
97	Band Karlschacht 2:	Trassierung und Fundamente	8	70	78	128	136	58
98	Band Karlschacht:	Montage Bänder U 4,5	10	68	78	105	115	37
99	Eisenbahn:	Verlegung Gleis im Einschnitt	10	105	115	105	115	0
100	Eisenbahn:	Verlegung Gleis im Bahnhofbereich	15	99	114	100	115	1
101	Zufahrt ZS:	Zufahrtsstraße bauen	12	99	111	102	114	3
102	Eisenbahn:	Verlegung Gleis für Abstellgruppe	14	44	58	100	114	56
103	Eisenbahn:	Bahn einschwenken, Band Karlschacht schließen	1	115	116	115	116	0
104	Wasserhaltung:	Einrichten	4	30	34	112	116	82
105	Abraum:	Abräumen Mittelfeld Sohle 410 bis Karlsch.-Band	14	111	125	113	127	2
106	Abraum:	Sümpfen Bad Rosenthal, Zimmern	11	116	127	116	127	0
107	Band Karlschacht:	Demontage bestehender Bänder	8	116	124	119	127	3
108	Band Karlschacht:	Demontage restlicher Gleisanlagen	6	116	122	119	125	3
109	Abraum:	Lieferzeit Bandbrücke Einschnittband	32	0	32	17	49	17
110	Abraum:	Abräumen Westfeld Sohle 402	24	127	151	127	151	0
111	Abraum:	Abräumen südl. Band Karlschacht, Sohle 410	–	111	–	114	–	3
112	Band Karlschacht 2:	Montage Kohlenbänder	15	124	139	136	151	12
113	Band Karlschacht:	Lieferzeit Bandbrücke Band U 6	32	0	32	70	102	70
114	Eisenbahn:	Anfertigung Bandbrücke P 5	10	0	10	94	104	94
115	Eisenbahn:	Anfertigung Überstieg ZS	10	0	10	94	104	94
116	Band Karlschacht:	Fundamente Bandbrücke Band U 6	4	85	89	102	106	17
117	Band Karlschacht:	Trassierung und Fundamente Band U 6	2	89	91	108	110	19
118	Band Karlschacht:	Montage Band U 6	5	93	98	110	115	17
119	Eisenbahn:	Nordkanal von Y = 26.300 bis Y = 25.950	12	73	85	73	85	0
120	Eisenbahn:	Bodenabtrag von Y = 25.950 bis Y = 25.800	12	24	36	35	47	11

Nr.	Aktivitätsbezeichnung	Dauer	frühest		spätest		Puffer-zeit
			A	E	A	E	
121	Eisenbahn: Nordkanal: Profil Y = 25.950 bis Y = 25.500	10	36	46	85	95	49
122	Eisenbahn: Planum von Y = 25.950 bis Y = 25.800	10	46	56	95	105	49
123	Eisenbahn: Abstellgruppe einbinden	1	111	112	114	115	3
124	Abraum: Abräumen südl. bestehender Bahnstraße, Sohle 410	–	135	–	138	–	3
125	Förderung: Kohlengewinnung Westfeld	–	151	–	151	–	0

III.2 Elektrizitätswirtschaft

III.2.1 Kraftwerksausbauplanung

Die Kraftwerksausbauplanung erfolgt in Österreich grundsätzlich auf zwei Ebenen, nämlich:

im Bereich der einzelnen Gesellschaften und

im Rahmen des Verbandes durch den Koordinierungsausschuß für die öffentliche Stromversorgung Österreichs.

In den beiden Ebenen und zum Teil auch bei den einzelnen Unternehmen werden unterschiedliche Methoden angewendet. Alle Verfahren beruhen auf detaillierten, langfristigen Prognosen und haben zum Ziele, entsprechend den Verpflichtungen gemäß dem zweiten Verstaatlichungsgesetz, die Bevölkerung jederzeit ausreichend und möglichst billig mit elektrischer Energie zu versorgen. Im einzelnen besteht die Aufgabe der Ausbauplanung darin, festzustellen, wann, wo, mit welcher Leistung und von welcher Art Kraftwerke zu bauen sind, um den Bedarf bei minimalem finanziellen Aufwand mit hinreichender Sicherheit decken zu können.

Die Ausbauplanung bei den einzelnen Gesellschaften

Im allgemeinen lassen sich die in Österreich angewendeten Methoden zu zwei Gruppen zusammenfassen

Planung nach optimaler Erzeugungsstruktur

Planung aufgrund des Variantenvergleichs.

Planung nach optimaler Erzeugungsstruktur

Ziel dieser Planungsmethode ist es, global festzustellen, welche Leistung einer bestimmten Kraftwerksart zu bauen ist, um den zeitlich schwankenden Bedarf sicher und wirtschaftlich decken zu können.

Im wesentlichen sind hierbei vier Phasen zu unterscheiden:

Analyse der Bedarfsstruktur,

Analyse des Dargebotes und Überprüfung der Bedarfsdeckung,

Kostenanalyse,

Erstellung des Ausbauprogrammes.

Analyse der Bedarfsstruktur

Für die Anwendung jeder Planungsmethode ist das Vorliegen von Prognosen des Strombedarfes Voraussetzung, wobei sich die Ergebnisse derselben auf die elektrische Arbeit und Leistung sowie auf die Bedarfsstruktur (Dauerlinien, Ganglinien, Energieinhaltslinien, Strukturzahlen) beziehen.

Da elektrischer Strom nicht speicherfähig ist, liegt ein wesentlicher Teil der Planung in der Ermittlung des funktionellen Zusammenhanges zwischen Leistung und Zeit. Um diese Zusammenhänge darzustellen und für die Ausbauplanung nutzbar machen zu können, ist eine Analyse der Struktur des Belastungsgebirges erforderlich. Diese erfolgt z.B. durch Zerlegung der prognostizierten Tagesbelastungsdiagramme in 20-MW-Bänder und Untergliederung des

Bedarfes in jahres- bzw. tageskonstante und -inkonstante Energie mit verschiedener Benutzungsdauer, woraus sich der Bedarf an Grund-, Trapez- und Spitzenlast ergibt.

In einem anderen Fall wird der Tag in drei Lastzonen unterteilt:
Höchstlast von 6 bis 12 Uhr und 18 bis 22 Uhr, Hochtarifniederlast von 12 bis 18 Uhr, Niedertarif von 22 bis 6 Uhr. Parallel dazu wird noch einerseits nach Wochentagen (Werktage, Sams-
tage, Sonntage) und andererseits nach Jahreszeiten (Winter, Übergang, Sommer) differenziert.

Diese Zerlegungen werden vielfach mit Hilfe elektronischer Rechenanlagen durchgeführt.

Analyse des Dargebotes und Überprüfung der Bedarfsdeckung

In der zweiten Phase wird untersucht, wieviel vom Strombedarf in den einzelnen Bereichen mit den vorhandenen Werken gedeckt werden kann bzw. wie groß der ungedeckte
Bedarf in den einzelnen Lastbereichen ist. Daraus kann festgestellt werden, welche charakteristische Kraftwerksarten fehlen, wobei sich die Unterscheidung sowohl auf Lastbereiche
eines Tages wie auch eines Jahres beziehen.

In ähnlicher Weise erfolgt bei der Methode der Zerlegung in Tageslastzonen zuerst die
Verteilung der nichtvariablen Energie gleichmäßig in den einzelnen Bereichen, hierauf kann
vorerst die Erzeugung der Schwellkraftwerke, dann der Speicher und schließlich der Fremdbezug je nach Bedarf auf die einzelnen Zonen verteilt werden.

Das Ergebnis ist in beiden Fällen eine globale Angabe des ungedeckten Bedarfes in
den verschiedenen Lastbereichen (Grund-, Trapez- und Spitzenlastbereich) unter Berücksichtigung des jahreszeitlichen Auftretens.

Kostenanalyse

Nun werden für die verschiedenen Kraftwerksarten die Bau- und Betriebskosten zusammengestellt und daraus die Jahreskosten errechnet. Aus diesen werden die spezifischen
Erzeugungskosten in Abhängigkeit von der Benutzungsdauer ermittelt, so daß für jede Benutzungsdauer die günstigste Kraftwerksart ersichtlich ist.

Für die Kostenrechnung werden bei einzelnen Gesellschaften verschiedene Werte, etwa
die Kosten im ersten Betriebsjahr, das arithmetische oder das finanzmathematische Mittel aus
mehreren Betriebsjahren (Abschreibezeit) verwendet. An Kostenfaktoren werden dabei neben
den Kapitalkosten (Abschreibung und Zinsen) die Brennstoffkosten, Kosten für Bedienung
und Instandhaltung sowie Steuern und Versicherungen angesetzt. Dabei werden die Ansätze
bezüglich Zinssatz, Preisgleitung etc. variiert und somit Bereiche abgesteckt.

Erstellung des Ausbauprogrammes

Aufgrund der Ermittlung des Fehlbedarfes und der Kostenanalyse kann festgestellt
werden, welcher Anteil mit den verschiedenen Kraftwerksarten abzudecken ist. Unter Zu-
grundelegung dieser Anteile wird aus einer Reihe vorhandener Kraftwerksprojekte durch einfachen Vergleich die kostenminimale Ausbaufolge erstellt. Die erhaltenen Ergebnisse werden
dann in bezug auf Speichereinsatz, Pumpeneinsatz und vorhandene Reserve überprüft. Die
Überprüfung erfolgt dabei an Hand von charakteristischen Tagesdiagrammen (z.B. dritter Mitt-
woch, Folgesamstag, Folgesonntag) für jeden Monat mit Hilfe von Rechenprogrammen.

Planung aufgrund des Variantengleiches

Bei dieser Methode wird aus einer Anzahl von möglichen Projekten diejenige Folge von Kraftwerksbauten ermittelt, die zusammen mit den vorhandenen Kraftwerken die billigste, aber auch eine ausreichende und sichere Bedarfsdeckung ermöglicht.

Die Methode besteht aus drei Phasen:

Variantenerstellung

Einsatzplanung

Variantenvergleich.

Variantenerstellung

Aufgrund einer groben Strukturanalyse des Bedarfes und einer Leistungsbilanz wird festgestellt, welche Kraftwerksarten und welche Leistung ungefähr fehlt. Aus Bedarf und möglichen Kraftwerksprojekten werden verschiedene Varianten von Kraftwerksausbaufolgen erstellt. Die Sicherstellung der Lastdeckung wird bei allen Unternehmen für die Zeit der Höchstlast in einem Trockenjahr untersucht, wobei auch der Ausfall der größten Kraftwerkseinheit berücksichtigt wird (Reserveleistung entweder aus eigenen Anlagen oder durch Bezugsverträge).

Einsatzplanung

In dieser Phase kommt es darauf an, für den späteren Vergleich bei jeder Variante die minimalen Betriebskosten unter Berücksichtigung der gegebenen Randbedingungen zu ermitteln. Hierfür kommen verschiedene Methoden zur Anwendung:

In einem Fall wird der Kraftwerkseinsatz für ausgewählte charakteristische Tagesdiagramme (je Monat ein Werktag, Samstag und Sonntag) nach dem Kriterium minimaler Strombeschaffungskosten vorgenommen. Dazu wird vorerst nach Bedarf an Arbeit und Leistung der Einsatzplan der thermischen Werke (Stillstand und Betrieb) nach einem wirtschaftlichen Kriterium erstellt und hierauf mit Hilfe der optimalen Lastverteilung nach der Methode der Variationsrechnung die Last auf die einzelnen Werke aufgeteilt. In einem anderen Fall wird der Einsatz der hydraulischen Werke an sämtlichen hochgerechneten Tagesbelastungsdiagrammen eines Jahres simuliert und hierauf die Dauerlinie der verbleibenden Last gebildet und dort der Einsatz der kalorischen Werke erstellt. In beiden Fällen werden als Ergebnis die Arbeistkosten der Strombereitstellung (Brennstoffkosten, Bezugskosten) eines Jahres ermittelt. Wegen der umfangreichen Rechenarbeit wird die Einsatzplanung mit Hilfe einer elektronischen Rechenanlage durchgeführt.

In einem weiteren Fall wird ein globaler Einsatz nach der bereits geschilderten Methode der Tageslastzonen durchgeführt. Daraus läßt sich ebenfalls der Aufwand für die arbeitsabhängigen Kosten eines Jahres errechnen.

Solche Untersuchungen werden vielfach für Regl-, Trocken- und Naßjahr durchgeführt, wobei die zugehörigen charakteristischen Erzeugungsgrößen der hydraulischen Kraftwerke einer Überschreitungswahrscheinlichkeit von 50, 90 und 10% entsprechen.

Für die Ermittlung kann auf ein Hydraulizitätsmodell zurückgegriffen werden.

Bei manchen Unternehmen wird der Kraftwerkseinsatz noch bezüglich Möglichkeit des Energietransportes untersucht und eventuell korrigiert.

Variantenvergleiche

Für den Vergleich der einzelnen Varianten werden nun wieder verschiedene Methoden angewendet. Entweder werden die Kosten (Erzeugungs- und Bezugskosten eines gesamten Systems und die Festkosten der neuen Projekte) über mehrere Jahre (zehn oder fünfzehn Jahre) als Barwert errechnet und verglichen oder es werden für die einzelnen Varianten Präliminarien erstellt und die zugehörigen Bilanzen einander gegenübergestellt.

Daneben werden solche Einsatzpläne vor allem auch zur Ermittlung der durchschnittlichen Einsatzdauer oder der Bewertung des Dargebotes (Arbeit und Leistung) herangezogen und die Vergleiche über die mittleren Jahreskosten der einzelnen Kraftwerksprojekte angestellt.

Solche statische Kostenvergleiche werden vor allem auch für Entscheidungsfindungen zwischen zwei ähnlichen Projekten herangezogen (z.B. zwei Laufkraftwerke). Hierbei werden alle Kostenfaktoren einzeln in Rechnung gestellt wie Kapitalkosten (Abschreibung und Zinsen), Bedienungskosten, Instandhaltungskosten, Steuern, Versicherungen und Brennstoffkosten. Zur Beurteilung des Erlöses wird in diesem Fall der Verbundtarif herangezogen. Meist werden einzelne Faktoren wie Zinsen, Preisgleitung u.ä. variiert und Empfindlichkeitsanalysen angestellt.

Für die tatsächliche Entscheidung über den Kraftwerksausbau sind allerdings neben den eben geschilderten wirtschaftlichen Untersuchungen noch eine Reihe anderer Faktoren maßgeblich:

Kapitalmarkt, Zuverlässigkeit einer Kraftwerkstype, Rohstoffquelle, Arbeitsmarkt, Standort des Kraftwerkes, für den Kraftwerksausbau notwendige Netzausbauten usw.

Ausbauplanung für die öffentliche Stromversorgung Österreichs

Aus den einzelnen Kraftwerksausbauplänen der verschiedenen Gesellschaften wird im Rahmen des Verbandes (VEÖ) über den Koordinierungsausschuß ein gesamtes Ausbauprogramm für einen 10 Jahre umfassenden Zeitraum erstellt. Dazu geben die einzelnen Gesellschaften ihren Bedarf (Arbeit und Leistung) und ihre Kraftwerksprojekte bekannt. Dann werden unter Berücksichtigung der Exportverpflichtungen und der Liefer- bzw. Bezugsverträge monatliche Arbeitsbilanzen erstellt und die Leistungsdeckung für den Bedarf zur Zeit der Jänner-Höchstlast im Trockenjahr bei Ausfall der größten Kraftwerkseinheit überprüft. Diese Ausarbeitung wird alle zwei Jahre wiederholt und dabei das Kraftwerksausbauprogramm auf den letzten Stand gebracht.

Von der Verbundgesellschaft wird in regelmäßigen Abständen (fünf bis sechs Jahre) eine Untersuchung der öffentlichen Elektrizitätsversorgung nach der bereits beschriebenen globalen Methode durchgeführt. Dazu wird eine Aufteilung des prognostizierten Stromverbrauches (Jahreswerte, Monatswerte) auf die einzelnen Lastbereiche, wie Grund-, Mittel-, Spitzenlastbereich, aufgrund der seit 1950 laufend durchgeführten Strukturanalyse des Inlandstromverbrauches durchgeführt. Die Analyse wurde bis 1968 händisch (20-MW-Band-Zerlegung) und wird seit 1969 mit Hilfe eines Rechenprogrammes ausgeführt. Die Ergebnisse der Strukturanalyse (Trendentwicklungen) werden bei der Prognose berücksichtigt. Das Ergebnis der Studie soll die optimale prozentuelle Aufteilung der Deckung des Inlandstromverbrauches auf Lauf- und Schwellkraftwerke, Kurzzeitspeicherkraftwerke, Langzeitspeicherkraftwerke und Wärmekraftwerke (konventionelle und nukleare) erkennen lassen.

Solche Untersuchungen werden seit mehreren Jahrzehnten durchgeführt. Die erste Studie über den wirtschaftlichen Einsatz der verschiedenen Kraftwerkstypen für die Deckung des Inlandbedarfes wurde unter vereinfachten Bedingungen (Stromerzeugungskosten nur für erstes Betriebsjahr, Fixkosten als fester Prozentsatz der Anlagekosten angesetzt) im Jahre 1959 erstellt. 1961 wurde eine verbesserte Untersuchung (Stromerzeugungskosten real aus Kostenbestandteilen, Kostendegression im Laufe der Abschreibungsperiode, Durchschnitts- kosten für die ersten 10 Jahre etc.) ausgearbeitet. 1964 wurde in einer weiteren Untersuchung unter Berücksichtigung der Geldentwertung eine optimale Aufteilung für das Jahr 1970 er- mittelt.

Schließlich wurde im Jahr 1968 eine derartige Untersuchung für die Jahre bis 1980 erstellt, wobei auch die Kernkraftwerke kostenmäßig Berücksichtigung fanden.

Ausbaukonzepte für die öffentliche Elektrizitätsversorgung wurden in den letzten Jahren im allgemeinen als Rahmenprogramme aufgefaßt, innerhalb deren sich die gemeinsam von der Verbundgruppe und der Gruppe der Landesgesellschaften erarbeiteten „Koordinierten Kraftwerksausbauprogramme" bewegen sollten. Vor der Ausführung wird jedes Projekt noch vom EFG-Beirat auf elektrizitätswirtschaftliche Zweckmäßigkeit nach einheitlichen Richt- linien beurteilt. Dabei wird sowohl auf Wirtschaftlichkeit des Projektes, wie auch auf Finan- zierungsmöglichkeiten, Bedarf und Koordinierung mit den übrigen österreichischen Gesell- schaften Rücksicht genommen. Insgesamt wurde damit nicht nur bis zu einem gewissen Grad auch einem aus gesamtösterreichischer Sicht angestrebten Optimum Rechnung getragen, sondern es wurde auch ein relativ flexibles System erreicht, das den jeweiligen Bedarfsan- sprüchen angepaßt werden konnte und wesentlich zur Sicherung der Stromversorgung beitrug.

III.2.2 Planungsmethoden der Hochspannungsnetze

Planungsziel

Die Planung eines Hochspannungsnetzes stellt eine sehr komplexe Aufgabe dar, bei der neben technischen und wirtschaftlichen Aspekten auch eine größere Zahl anderer Rand- bedingungen eingehalten werden müssen.

Das Planungsziel ist in vereinfachter Form durch „Versorgung der Abnehmer mit hin- reichender Sicherheit und Qualität bei möglichst geringem Kostenaufwand" definiert.

Technische Anforderungen:

Sicherheit

Die Versorgung der Abnehmer gilt nach westeuropäischer Auffassung als hinreichend sicher, wenn jederzeit ein beliebiges einzelnes Übertragungselement (1 Leitungssystem, 1 Um- spanner usw.) ohne Unterbrechung der Versorgung ausfallen kann. Dieser Grundsatz heißt „Einfache Sicherheit".

Qualität

Anzustreben sind maximale Spannungsschwankungen von höchstens etwa ± 10% bei den verschiedensten Belastungszuständen, sowie geringer Oberwellengehalt und Phasensymme- trie. Frequenzschwankungen sind zwar ebenfalls ein Qualitätsmerkmal, doch stehen sie mit der Netzplanung in keinem unmittelbaren Zusammenhang.

Wirtschaftliche Anforderungen:

Falls mehrere technisch brauchbare Lösungen möglich sind, ist unter Berücksichtigung des unterschiedlichen Investitionsaufwandes und der Übertragungsverluste die wirtschaftlichste Lösung zu wählen. Dazu verhilft ein technisches Konzept, das einen stufenweisen Ausbau und damit eine optimale Anpassung an die stetig steigende Netzbelastung ermöglicht.

Sonstige Anforderungen:

Betrachtungszeitraum

Da Hochspannungsanlagen bei der üblichen Wartung praktisch keiner Abnützung unterliegen, müssen die technischen und wirtschaftlichen Anforderungen für einen sehr großen Zeitraum erfüllt sein. Aus derartigen Überlegungen ergibt sich, daß die Netzentwicklung innerhalb der nächsten 10 – 20 Jahre berücksichtigt werden muß.

Umweltschutz

Besonders bei der Wahl neuer Leitungstrassen muß aus Gründen des Umweltschutzes die allein für die elektrische Versorgung optimale Lösung zu Gunsten eines übergeordneten Optimums immer häufiger verlassen werden.

Organisation der österreichischen Elektrizitätswirtschaft

In Österreich leiten sich auch aus der bestehenden Organisationsform (Landesgesellschaften – Verbundkonzern) fallweise Randbedingungen ab, die das Planungskonzept beeinflussen können. Die Notwendigkeit, auch auf diesem Gebiet eine Koordinierung herbeizuführen, ist daher gegeben.

Derzeit angewandtes Verfahren

Ausgangsbasis

Ausgangsbasis für ein Planungskonzept ist das vorhandene Netz mit seinen Leitungen und Schaltanlagen sowie jene ausgewählten Kraftwerksprojekte, die sich aus den Bedarfsdeckungsstudien der Energiewirtschaft für die nächsten 1 – 2 Jahrzehnte ergeben. Die Daten dieses Kraftwerksparkes sind jedoch nur für einen Teil des erwünschten Netzplanungszeitraumes als gesichert anzusehen. Neben diesen neu hinzukommenden Erzeugungsmöglichkeiten benötigt die Netzplanung die detaillierten Angaben über die örtliche Verteilung des Bedarfszuwachses, die ungleich schwerer zu ermitteln sind. Im allgemeinen muß die regionale 110 kV-Planung der einzelnen Landesgesellschaften abgewartet werden, aus der schließlich die erforderlichen neuen Kuppelstellen mit dem 220 kV-Netz bzw. die Bedarfsentwicklung in den bereits bestehenden Lastpunkten abgeleitet werden können.

Diese innerösterreichische Entwicklung gehorcht näherungsweise einem natürlichen Wachstumsgesetz und kann daher auch für sehr weit gesteckte Planungsziele zumindest abgeschätzt werden. Dies trifft bei den energiewirtschaftlichen Beziehungen mit dem Ausland nicht zu, wodurch ihre Berücksichtigung bei der Netzplanung für die fernere Zukunft ein kaum lösbares Problem darstellt. Dazu kommt noch, daß die zunehmende Vermaschung des Hochspannungsnetzes mit dem benachbarten Ausland, besonders bei den kleineren europäischen

Ländern, wesentliche Rückwirkungen auf die transporttechnischen Gegebenheiten im inländischen Netz ergeben.

Durchführung

Allgemeine Bemerkungen

Ein größeres Leitungsbauvorhaben dauert vom Baubeschluß bis zur Inbetriebnahme etwa 3 − 5 Jahre. Der Ausbau des Netzes ist somit − von lokalen Maßnahmen abgesehen − für die jeweils nächsten 3 − 5 Jahre bereits festgelegt; insbesondere ist eine Korrektur des Programmes im Sinne einer Beschleunigung des Netzausbaues in diesem Zeitraum kaum möglich. Der derzeit behandelte Planungszeitraum liegt also im Bereich von etwa 1978 bis 1990.

Konkrete Planung

Bei dem genannten Planungszeitraum und der vorhin erwähnten Unsicherheit der benötigten Ausgangsdaten kann das Problem nur durch eine sinnvolle Variation aller maßgebenden Parameter gelöst werden.

Man erhält dann zwei Gruppen von Projekten:
− Netzausbauten, die unter allen nur denkbaren Entwicklungsmöglichkeiten technisch und wirtschaftlich sinnvoll erscheinen
− Netzausbauten, die nur unter bestimmten Voraussetzungen zweckmäßig sind.

Für eine Entscheidung innerhalb der zweiten Gruppe ist es erforderlich, die Planungsstudien laufend zu überarbeiten, um sie jeweils den letzten Erkenntnissen über die wahrscheinliche Entwicklung anpassen zu können.

In Entwicklung stehende Verfahren

Es ist nach dem vorher Dargelegten verständlich, daß es ein geschlossenes mathematisches Verfahren für die Planung von Hochspannungsnetzen derzeit nicht gibt und auch kaum jemals geben kann.

Die Entwicklung neuer Verfahren auf diesem Gebiet beschäftigt sich daher mit einzelnen Teilen des Problems, von denen bei der VG zur Zeit nachstehende bearbeitet werden:
a) Versorgungssicherheit
Verfeinerung des Gedankens der ,,einfachen Sicherheit" durch eine mathematisch exakte Definition der für jeden Lastpunkt angestrebten Versorgungssicherheit unter Einbeziehung des Ausfallrisikos für jedes einzelne Netzelement im Sinne einer Wahrscheinlichkeitsrechnung.
b) Qualitätsindex
Definition und Berechnung einer Maßzahl, mit deren Hilfe verschiedene Ausbauvarianten hinsichtlich ihrer ,,Güte" exakt verglichen werden können.

IV. BEISPIELE FÜR PLANUNGSMODELLE IN DER ÖSTERREICHISCHEN ENERGIE-WIRTSCHAFT

IV.1 Kraftwerksausbauplanung bei der STEWEAG

Aufgabenstellung

Die Ausbauplanung hat im allgemeinen das Ziel, jene Maßnahmen beim Ausbau des Kraftwerksparkes und des Leitungsnetzes zu ermitteln, die entsprechend dem Auftrag des Gesetzgebers die Bereitstellung elektrischer Energie mit ausreichender Sicherheit bei minimalen Kosten gewährleistet. Unter Kraftwerksausbauplanung im engeren Sinne versteht man die Aufgabe festzustellen, wann, wo, mit welcher Leistung und von welcher Art Kraftwerke zu bauen sind, wobei die Auflage zu erfüllen ist, daß der Gesamtkostenaufwand für die Erzeugung des prognostizierten Bedarfes während des Planungszeitraumes ein Minimum wird. Im konkreten besteht die Aufgabe meist darin, aus einer Anzahl von vorliegenden Projekten das wirtschaftlichste zu ermitteln und den Bauzeitpunkt festzulegen. Es muß dabei untersucht werden, wie sich ein Projekt in das Gesamtsystem, bestehend aus Bedarf, Erzeugung und Fremdbezug, eingliedern läßt, welche Kosten entstehen bzw. wie sich die Kosten des gesamten Systems durch das zu betrachtende Projekt ändern.

Die Kosten der Stromerzeugung bestehen aus festen und arbeitsabhängigen Kosten. Festkosten sind während der Abschreibezeit (zumindest über 1 Jahr) konstant und lassen sich leicht in eine Vergleichsrechnung einbeziehen. Die arbeitsabhängigen Kosten, im wesentlichen also Brennstoff- und Bezugskosten, sind dagegen vom Einsatz abhängig, und zwar nicht nur von der erzeugten Arbeit, sondern auch von der Fahrweise, weil sich die spezifischen Brennstoffkosten mit der Leistung eines Kraftwerksblockes ändern. Es muß also eine genaue Ermittlung der Einsatzweise über den untersuchten Zeitraum durchgeführt werden. Da aber durch ein neu hinzukommendes Werk auch der Einsatz der schon bestehenden Werke geändert wird, müssen auch diese in die Untersuchung einbezogen und die Veränderung ihrer Brennstoffkosten errechnet werden. Dies gilt selbstverständlich auch für geplante Kraftwerke; d.h., ein später hinzukommendes Werk beeinflußt wiederum das gerade untersuchte Projekt. Die Untersuchung kann sich daher nicht nur auf einzelne Projekte beschränken, sondern sie muß zumindest eine Ausbaufolge über einen größeren Zeitbereich erfassen. De facto besteht somit die Aufgabe darin, aus einer Reihe von vorliegenden möglichen Projekten die Kraftwerke so auszuwählen und ihre Inbetriebnahme zeitlich zu fixieren, daß die damit erhaltene Kraftwerksausbaufolge die oben gestellten Forderungen optimal erfüllt.

Bei der STEWEAG wurde für die Kraftwerksausbauplanung folgende Vorgangsweise gewählt.

1. Erstellung von Kraftwerksausbaufolgen (Varianten) in der Weise, daß damit die Abdeckung der voraussichtlichen jährlichen Höchstlast bei Trockenjahresverhältnissen noch mit ausreichender Sicherheit möglich ist. Die Versorgungssicherheit wird hiebei dann als ausreichend gewertet, wenn bei Ausfall des größten Blockes die Last noch gedeckt werden kann.
2. Ermittlung der jährlichen arbeitsabhängigen Kosten, welche für die Deckung des Bedarfes bei optimalem Einsatz des jeweils zur Verfügung stehenden Kraftwerksparkes entstehen. Als arbeitsabhängige Kosten gelten hiebei die Aufwendungen für Brennstoffe und für den Fremdbezug.

3. Ermittlung der Veränderung der jährlichen Festkosten gegenüber dem Ausgangszeitpunkt. Dazu zählen vor allem die Kapitalkosten von neuen Kraftwerken (Abschreibungen und Zinsen) sowie die Kosten für deren Bedienung, Instandsetzung, Versicherungen, usw. Außerdem gehört auch der Leistungspreis für einen Fremdbezug in diese Kategorie.

4. Ermittlung des Barwertes der gesamten arbeitsabhängigen Kosten sowie der zusätzlichen Festkosten über eine bestimmte Zeitperiode (10 oder 15 Jahre). Die Variante mit geringstem Barwert stellt die beste Ausbaufolge dar.

5. Durchführung von Sensibilitätskontrollen bezüglich Veränderung verschiedener Parameter wie Zinsfuß, Brennstoff, Preis, Preisgleitung, etc.

Von den angeführten 5 Schritten sind alle, mit Ausnahme des zweiten, mit relativ einfachen und raschen Rechnungen durchzuführen. Die Anzahl der in Frage kommenden Projekte ist meist sehr beschränkt, so daß auch die Zahl der möglichen Ausbauvarianten nicht sehr groß ist. Bei den Festkosten brauchen nur die Veränderungen gegenüber dem Bezugszeitpunkt berücksichtigt zu werden, weil die Fixkosten der übrigen Werke unabhängig von der gewählten Ausbauvariante sind. Da mit Annuitäten (jährlich gleichbleibenden Beträgen für Abschreibungen und Zinsen) gerechnet wird, ist die Ermittlung der Festkosten und deren Barwerte relativ wenig aufwendig.

Die weitaus schwierigste und langwierigste Aufgabe bei der Kraftwerksausbauplanung ist dagegen die Ermittlung der arbeitsabhängigen Kosten, wofür eine Einsatzplanung des gesamten jeweils verfügbaren Kraftwerksparkes über die gesamte untersuchte Zeitperiode unter optimalen Verhältnissen erforderlich ist. Da die Durchführung dieser Aufgabe mit entsprechender Genauigkeit händisch kaum möglich ist, wurde·hiefür eine Methode entwickelt, welche die Anwendung einer elektronischen Datenverarbeitungsanlage gestattet.

Optimale Einsatzplanung

Aufgabe der Einsatzplanung

Wie bereits ausgeführt, ist zur Ermittlung der arbeitsabhängigen Kosten eines Kraftwerksparkes die Erstellung eines optimalen Einsatzplanes erforderlich. Der Sinn der Optimierung liegt hiebei weniger in der Minimierung der Kosten, sondern in der Schaffung von vergleichbaren Einsatzplänen, da ein Kostenvergleich nur möglich ist, wenn alle Varianten mit ihren bestmöglichen Lastaufteilungen betrieben werden. Im praktischen kommt es dabei jeweils darauf an festzulegen, welche von den vorhandenen Dampfkraftwerken einzusetzen sind, mit welcher Leistung sie jeweils gefahren werden sollen, wie Schwellkraftwerke einzusetzen sind und insbesondere, wie das Arbeitsvermögen von Speicherkraftwerken am günstigsten aufgeteilt wird. Desgleichen ist ein möglicher Fremdbezug in die Optimierung einzubeziehen. Das Optimum wird jeweils erreicht, wenn der Kostenaufwand für Brennstoffe und Fremdbezug über einen bestimmten Zeitbereich hindurch minimal wird. Dabei sind selbstverständlich verschiedene Nebenbedingungen zu erfüllen: So muß insbesondere der Bedarf gedeckt werden, die Kapazität von Speicherkraftwerken darf nicht überschritten werden, die Leistungen von Kraftwerken sind beschränkt, ebenso ihre möglichen Laständerungsgeschwindigkeiten, verschiedene Verträge müssen eingehalten werden, usw.

Es handelt sich somit um das Problem der hydrothermischen Lastverteilung. Zur Lösung einer solchen Aufgabe gibt es mehrere Verfahren, wie die Variationsrechnung, die dynamische Programmierung oder das Gradientenverfahren. Die dynamische Programmierung bietet wohl mathematisch verhältnismäßig wenig Schwierigkeiten, dafür ergeben sich aber bei mehrdimensionalen Problemen, wie Erzeugungssystemen mit mehreren Kraftwerken, vor allem, wenn Arbeitsbedingungen vorhanden sind und längere Zeitbereiche in Frage kommen, unausführbar lange Rechenzeiten. Es wurde daher vielfach versucht, durch Einschränkung des Lösungsbereiches raschere Lösungsmethoden zu finden. Hiefür eignen sich vor allem die Suchschlauchmethode und die Methode des Incrementalverfahrens. Hier aber wurde die klassische Methode der Variationsrechnung, wie sie von Kirchmayr (Economic operation of power systems) und Theilsiefje (Ein Beitrag zur Theorie der wirtschaftlichen Ausnützung großer Speicherseen zur Energieerzeugung) abgeleitet wurden, angewendet.

Mathematische Formulierung der optimalen Lastverteilung

Eine Lastverteilung ist dann optimal, genauer ausgedrückt, wirtschaftlich optimal, wenn die Kosten der Energiebereitstellung innerhalb des untersuchten Zeitraumes ein Minimum werden.

Mathematisch definiert bedeutet dies:

$$\int_{T_1}^{T_2} K(P)\, dt = \text{Min !}$$

Dieser Ausdruck entspricht genau der Hauptbedingung der Variationsrechnung.

Dazu können nun verschiedene Nebenbedingungen treten:

a) Die bereitgestellte Leistung muß zu jedem Zeitpunkt gleich groß sein wie die Last.

$$\Sigma P = N \qquad .\text{bzw.} \qquad \Sigma P - N = 0$$

(Nebenbedingung in Gleichungsform).

b) Vorhandensein einer Arbeitsbedingung. (Für ein Kraftwerk ist z.B. eine bestimmte Arbeit vorgeschrieben)

$$\int_{T_1}^{T_2} P(t)\, dt = A$$

(Isoperimetrisches Problem, Nebenbedingung in Integralform).

c) Die Leistung eines Kraftwerkes ist begrenzt. (Z.B. Mindest- oder Höchstlast). (Nebenbedingung in Ungleichungsform).

d) Für Kraftwerke sind Laständerungsgeschwindigkeiten vorgegeben.

e) Mindestlasten innerhalb bestimmter Zeitabschnitte sind vorgeschrieben, z.B. Pflichtwasserabgabe.

f) Der Speicherraum ist begrenzt.

Die Variationsmethode nach der klassischen Art liefert nur Lösungen mit den Nebenbedingungen nach a) und b) (Nebenbedingung in Gleichungsform und in Integralform), wobei allerdings auch negative Werte oder Bereiche auftreten können, die technisch nicht zulässig sind.

Die Nebenbedingungen entsprechend c) (in Ungleichungsform) könnten nach der Methode nach Kuhn und Tucker behandelt werden, lassen sich aber leicht in der Programmierung selbst behandeln. Die übrigen Forderungen können nur auf der Programmierungsebene behandelt werden.

Grundsätzliche Anwendung der Euler-Lagrangeschen Differentialgleichung für die optimale Lastverteilung

Ohne Arbeitsbedingung

Die Forderung lautet:

$$\int_{T_1}^{T_2} \sum_{i=1}^{n} K_i(P_i)\, dt = Min\ ! \tag{1}$$

dazu kommt die Nebenbedingung zur Sicherstellung der Bedarfsdeckung

$$\sum_{i=1}^{n} P_i = N \qquad bzw. \qquad \sum_{i=1}^{n} P_i - N = 0\quad , \tag{2}$$

setzt man

$$\sum_{i=1}^{n} K_i(P_i) = F \qquad und \qquad \sum_{i=1}^{n} P_i - N = G\quad ,$$

so lautet nach den Regeln der Variationsrechnung die Bedingung für das Optimum:

$$[F - \lambda G]_\zeta = 0\quad , \tag{3}$$

wobei die eckige Klammer die Variationsableitung bedeutet und für folgenden Ausdruck steht:

$$(F - \lambda G)_\zeta + \frac{d}{dt}(F - \lambda G)_{\dot\zeta} \tag{4}$$

Der Vektor ζ steht für die mehrdimensionale Darstellung der Leistung und hat die Komponenten

$$\zeta = \begin{matrix} P_1 \\ P_2 \\ P_3 \\ . \\ . \\ P_n \end{matrix}$$

und λ bedeutet den Lagrangeschen Multiplikationsfaktor.

Diese Bedingung gilt nur unter der Voraussetzung, daß

$$F_{\dot\zeta}(\zeta_1) - F_{\dot\zeta}(\zeta_2) = 0\quad . \tag{5}$$

Diese Randbedingung ist jedoch bei Lastverteilerproblemen immer erfüllt, weil die Kosten nicht von der Änderung der Leistung nach der Zeit abhängig sind, so daß $F_{\dot\zeta} = 0$ an jeder Stelle von ζ erfüllt ist.

Da außerdem auch G von $\dot\zeta$ unabhängig ist, verbleibt nur der erste Teil von Gl.(4)

$$(F - \lambda G)_\zeta = 0 \quad . \tag{6}$$

Durch Einsetzen der aktuellen Parameter erhält man im einfachsten Fall

$$\frac{\partial \sum\limits_{i=1}^{n} K_i\,(P_i)}{\partial P_i} - \lambda(t)\, \frac{\partial \sum P_i}{\partial P_i} = 0 \quad ,$$

da alle

$$\frac{\partial K_i\,(P_i)}{\partial P_j} = 0 \qquad \text{für} \qquad (j \neq i)$$

und ebenso

$$\frac{\partial P_i}{\partial P_j} = 0 \qquad \text{für} \qquad (j \neq i) \quad ,$$

bleibt nur

$$\frac{\partial K_i\,(P_i)}{\partial P_i} = \lambda(t)\, \frac{\partial P_i}{\partial P_i}$$

bzw.

$$\frac{dK_i}{dP_i} = \lambda(t) \quad . \tag{7}$$

Gl.(7) gibt an, daß die Zuwachskosten aller eingesetzten Kraftwerke in jedem Augenblick gleich groß sein müssen. Der Begriff „Zuwachskosten" eines kalorischen Kraftwerkes gibt die Änderung der Brennstoffkosten (arbeitsabhängigen Kosten) nach der Leistung an.

Die Brennstoffkosten sind vom Wärmepreis, Wirkungsgrad und von der erzeugten elektrischen Arbeit abhängig:

$$K - p\,\frac{1}{\eta}\,A \cdot 860 \quad ,$$

wobei mit p als Brennstoffpreis

$$k = \frac{p}{\eta} \cdot 860$$

die spezifischen Brennstoffkosten angibt.

Für die Zeit $t = 1^h$ gilt somit:

$$K = k N$$

$$c = \frac{dK}{dN} = \frac{dk}{dN} N + k \quad .$$

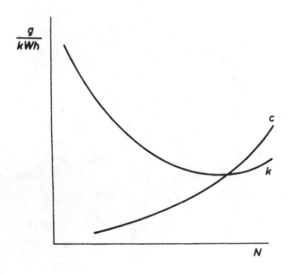

Der prinzipielle Verlauf von k und c über N ist in der nebenstehenden Skizze dargestellt.

Die Zuwachskosten bedeuten den Preis der „nächsten" bzw. zusätzlich erzeugten Kilowattstunde.

Der Einsatz mehrerer Kraftwerke ist dann optimal, wenn der Preis der letzten erzeugten Kilowattstunde bei allen Kraftwerken gleich groß ist.

Mit Arbeitsbedingung

Neben die Forderung

$$\int_{T_1}^{T_2} \sum_{i=1}^{n} K_i (P_i) \, dt = \text{Min} !$$

und die Nebenbedingung

$$\sum_{i=1}^{n} P_i - N = 0$$

tritt jetzt noch die Nebenbedingung

$$\int_{T_1}^{T_2} P_j \, dt = A_j \qquad \text{bzw.} \qquad \int_{T_1}^{T_2} P_j \, dt - A = 0 \quad . \tag{8}$$

Die Nebenbedingung in Integralform läßt sich durch Anwendung eines konstanten Multiplikators in die Variationsableitung einbeziehen und es lautet dann die Bedingung für das Optimim:

$$[F - \lambda(t) \, G - \mu \, H]_\xi = 0 \quad , \tag{9}$$

wobei $H = P_j$. Da auch hier wieder sämtliche Ableitungen nach $\dot{\zeta}$ verschwinden, geht (9) über in

$$(F - \lambda(t) G - \mu H)_\zeta = 0 \quad . \tag{10}$$

Bei Anwendung in einem speziellen Fall, z.B. für n kalorische Werke, wovon für ein Werk eine Arbeitsbedingung vorgegeben ist, erhält man:

$$\frac{\partial \sum_{i=1}^{n} K_i (P_i)}{\partial P_i} - \lambda(t) \frac{\partial \sum_{i=1}^{n} P_i}{\partial P_i} - \mu \frac{\partial P_i}{\partial P_i} = 0$$

und nach Ausführung der Einsatzplanung für $\zeta = P_i$, $i = 1 \dots n$, $i \neq j$

$$\frac{dK_i}{dP_i} = \lambda(t) \quad ,$$

für $\zeta = P_j$, $i = j$

$$\frac{dK_i}{dP_i} - \lambda(t) - \mu = 0$$

$$\frac{dK_i}{dP_i} = \lambda(t) + \mu \quad . \tag{11}$$

In diesem Fall müßten die Kraftwerke $i = 1 \dots n$ außer j so eingesetzt werden, daß ihre Zuwachskosten zu jedem Zeitpunkt gleich groß sind, die Zuwachskosten des Werkes j (also des Werkes mit der Arbeitsbedingung) dagegen stets um den konstanten Wert μ davon abweichen.

Mit Leistungsbegrenzungen

Da allein aus den bisher abgeleiteten mathematischen Beziehungen weder eine Begrenzung der Leistung nach oben hervorging, noch das Auftreten negativer Leistungen verhindert wird, ist es notwendig, entsprechende Begrenzungen einzuführen.

Solche Einschränkungen können mit Hilfe der Ungleichungsbedingungen nach Kuhn und Tucker in die Variationsrechnung eingebaut werden.

Diese Ungleichungsbedingungen lauten:

$$P_i \leqslant P_{max_i} \qquad \text{bzw.} \qquad P_i - P_{max_i} \leqslant 0 \tag{12}$$

$$P_i \geqslant P_{min_i} \qquad \text{bzw.} \qquad P_{min_i} - P_i \leqslant 0 \quad . \tag{13}$$

Führt man diese Bedingungen mit Hilfe der Lagrangefaktoren u und v in die Variationsrechnung ein, so ergibt sich folgende Bedingung:

$$[F - \lambda(t) G + \sum_{i=1}^{n} u_i (P_i - P_{max_i}) + \sum_{i=1}^{n} v_i (P_{min_i} - P_i)]_\zeta = 0 \quad . \tag{14}$$

Da auch hier wieder die Ableitungen nach $\dot{\zeta}$ fehlen, geht (14) über in

$$(F - \lambda(t) \, G + \sum_{i=1}^{n} u_i \, (P_i - P_{max_i}) + \sum_{i=1}^{n} v_i \, (P_{min_i} - P_i))_{\dot{\zeta}} = 0 \quad . \tag{15}$$

Nach Einsetzen von aktuellen Parametern ergibt sich:

$$\frac{\partial \sum\limits_{i=1}^{n} K_i \, (P_i)}{\partial P_i} - \lambda \, \frac{\partial \sum\limits_{i=1}^{n} P_i}{\partial P_i} + \frac{\partial \sum\limits_{i=1}^{n} u_i \, (P_i - P_{max_i})}{\partial P_i} + \frac{\partial \sum\limits_{i=1}^{n} v_i \, (P_{min_i} - P_i)}{\partial P_i} = 0$$

oder weiter ausgeführt

$$\frac{dK_i}{dP_i} - \lambda + u_i - v_i = 0 \quad .$$

Bezüglich der Lagrangefaktoren sind folgende Zusatzbedingungen einzuhalten:

$$\lambda \geqslant 0$$

$$u_i \, (P_i - P_{max_i}) = 0$$

$$u_i \geqslant 0$$

$$v_i \, (P_{min_i} - P_i) = 0$$

$$v_i \geqslant 0 \quad .$$

Mit Hilfe dieser Bedingungen werden die Leistungsbegrenzungen eingehalten.

Diese Ableitung wurde hier jedoch nur der Vollständigkeit halber angeführt, bei der praktischen Durchführung werden wir nicht darauf zurückgreifen, weil sich die Leistungsbeschränkung durch andere Maßnahmen leicht einhalten läßt.

Die Beschränkung der Leistung nach oben wird dadurch erreicht, daß die Zuwachskosten im Höchstlastpunkt unendlich groß gesetzt werden, eine negative Last wird so vermieden, daß bei der Leistung 0 oder im Mindestlastpunkt die Zuwachskosten mit dem Wert 0 festgesetzt werden.

Die optimale Lastverteilung bei verschiedenen Erzeugungssystemen

Im vorigen Kapitel waren die mathematischen Grundlagen angegeben worden, mit deren Hilfe nun die optimale Lastverteilung für die verschiedenen praktischen Fälle dargestellt werden soll.

Der besseren Übersichtlichkeit halber wird angenommen, daß alle Kraftwerke auf eine gemeinsame Sammelschiene (oder ein eng begrenztes Hochspannungsnetz) einspeisen, so daß die Leitungsverluste bei der optimalen Lastverteilung nur insofern zu berücksichtigen sind, als hiedurch die Zuwachskostenfunktionen der einzelnen Werke verändert werden, die Aufteilung der Lasten im Netz aber auf die optimale Lastverteilung keinen Einfluß ausübt.

Für die praktische Ermittlung wird einerseits die graphische Darstellung gewählt, wobei der Einfachheit halber das Lastdiagramm in Form eines Dreieckes angenommen wird und die Zuwachskostenkurven innerhalb des zugelassenen Lastbereiches stetig verlaufend angesetzt werden. Zur Einhaltung der Leistungsbegrenzung werden die Zuwachskosten bei Mindestlast Null, bei Höchstlast Unendlich gesetzt.

Im graphischen Funktionsmodell wird dem Leistungsdiagramm N (t) das Zuwachskostendiagramm P (c) gegenübergestellt. Hier wird durch Addition der einzelnen Zuwachskostenkurven der eingesetzten Werke P_i (c) eine Zuwachskostenkurve des gesamten Systems P_{ges} (c) gebildet. Für jeden Lastpunkt $N = P_{ges}$ ergibt die Schnittgerade für konstantes c die Leistungsaufteilung entsprechend gleicher Zuwachskosten, die nun in das Leistungsdiagramm übertragen werden kann.

Andererseits wird aus der graphischen Darstellung eine Anweisung für die numerische Rechnung abgeleitet und im „Numerischen Funktionsmodell" angegeben.

Zwei oder mehrere kalorische Kraftwerke ohne Arbeitsbedingung

Es gilt Gl.(6)

$$(F - \lambda G)_\zeta = 0 \quad ,$$

wobei

$$F = \sum_{i=1}^{n} K_i (P_i)$$

und

$$G = \sum_{i=1}^{n} P_i - N \quad , \qquad\qquad \zeta = P_i \quad , \quad i = 1 \dots n \quad ,$$

somit heißt die Bedingung für die optimale Lastverteilung:

$$\frac{\partial \sum_{i=1}^{n} K_i (P_i)}{\partial P_i} - \lambda \frac{\partial (\sum_{i=1}^{n} P_i - N)}{\partial P_i} = 0 \quad ;$$

da für $i \neq j$

$$\frac{\partial K_i}{\partial P_j} = 0 \qquad \text{und} \qquad \frac{\partial P_i}{\partial P_j} = 0 \quad ,$$

für $i - j$

$$\frac{\partial P_i}{\partial P_j} = 1 \quad ,$$

und für $i = 1 \dots n$

$$\frac{\partial N}{\partial P_i} = 0 \quad ,$$

bleibt nur

$$\frac{\partial K_i}{\partial P_i} - \lambda = 0 \quad .$$

Da weiters

$$\frac{\partial K_i}{\partial P_i} = \frac{dK_i}{dP_i} \quad ,$$

gilt

$$\frac{dK_i}{dP_i} = \lambda \qquad \text{mit} \qquad \lambda = \lambda(t) \quad .$$

Das graphische Funktionsmodell lautet:

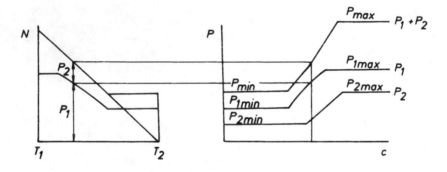

Das numerische Funktionsmodell lautet:

für $\quad N < P_{1\,min} + P_{2\,min}$ $\qquad\qquad$ ist $\quad P_1 = P_{1\,min}$, $P_2 = P_{2\,min}$

$\quad N > P_{1\,min} + P_{2\,min}$

$\qquad < P_{1\,max} + P_{2\,max}$ $\qquad\qquad\qquad P_1 = P_1(\lambda)$, $P_2 = P_2(\lambda)$

$\quad N > P_{1\,max} + P_{2\,max}$ $\qquad\qquad\qquad P_1 = P_{1\,max}$, $P_2 = P_{2\,max}$

Rest mit diesen Werken nicht
bereitstellbar.

Das numerische Funktionsmodell für mehrere kalorische Werke lautet:

für $\quad N < \sum\limits_{i=1}^{n} P_{i_{min}}$ $\qquad\qquad$ $P_i = P_{i_{min}}$ $\quad$ für $\quad$ $i = 1 \ldots n$

$\qquad N > \sum\limits_{i=1}^{n} P_{i_{min}}$

$\qquad\qquad < \sum\limits_{i=1}^{n} P_{i_{max}}$ $\qquad\qquad$ $P_i = P_i(\lambda)$ $\qquad$ $i = 1 \ldots n$

$\qquad N > \sum\limits_{i=1}^{n} P_{i_{max}}$ $\qquad\qquad$ $P_i = P_{i_{max}}$ $\qquad$ $i = 1 \ldots n$

$\qquad\qquad\qquad\qquad\qquad\qquad$ Rest nicht bereitstellbar

Mehrere Werke, davon einige mit Arbeitsbedingung

Die Forderungen lauten:

$$\int\limits_{T_1}^{T_2} \sum\limits_{i=1}^{n} K_i = \text{Min} \ !$$

$$\sum\limits_{i=1}^{n} P_i - N = 0$$

$$\int\limits_{T_1}^{T_2} P_j \, dt - A_j = 0 \qquad\qquad \text{für} \qquad j = 1 \ldots m \qquad ,$$

wenn von den n kalorischen Werken für m Werke eine Arbeitsbedingung vorgegeben ist. Nach Gl.(10) heißt die Bedingung für das Optimum:

$$(F - \lambda(t) \, G - \mu_1 H_1 - \mu_2 H_2 \ldots)_\xi = 0 \qquad .$$

Durch Einsetzen der aktuellen Parameter erhält man:

$$\frac{\partial \sum\limits_{i=1}^{n} K_i (P_i)}{\partial P_i} - \lambda(t) \, \frac{\partial \sum\limits_{i=1}^{n} P_i}{\partial P_i} - \frac{\partial \sum\limits_{i=1}^{m} \mu_i P_i}{\partial P_i} = 0 \qquad .$$

Da wieder nur die Ableitungen überbleiben, wo j = i ist, ergibt sich nach Übergang auf das totale Differential

für i = 1 ... m $\qquad\qquad\qquad \dfrac{dK_i}{dt} = \lambda(t) + \mu_i$

für i = m + 1 ... n $\qquad\qquad \dfrac{dK_i}{dt} = \lambda(t) \qquad .$

Das graphische Funktionsmodell lautet:

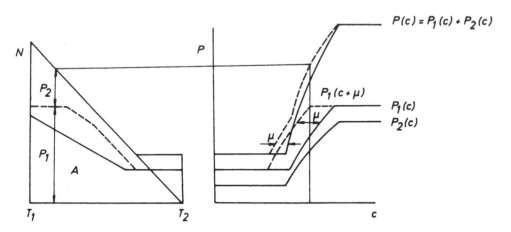

Die Kurve P_1 ist so lange zu verschieben, bis die Arbeitsbedingung $\int_{T_1}^{T_2} P_1\, dt = A_1$ erfüllt ist.

Das numerische Funktionsmodell lautet:

für $\quad N < P_{1_{min}} + P_{2_{min}}$ $\qquad$ ist $\quad P_1 = P_{1_{min}},\ \ P_2 = P_{2_{min}}$

$\quad N > P_{1_{min}} + P_{2_{min}}$

$\qquad < P_{1_{max}} + P_{2_{max}}$ $\qquad\qquad\quad P_1 = P_1(\lambda + \mu)\,,\ \ P_2 = P_2(\lambda)$

$\quad N > P_{1_{max}} + P_{2_{max}}$ $\qquad\qquad\quad P_1 = P_{1_{max}}\,,\ \ P_2 = P_{2_{max}}$

Rest nicht bereitstellbar.

Die Lösung ist nur durch Iteration zu erhalten: Es wird begonnen mit $\mu^0 = 0$, damit erhält man

$$A^0 = \int_{T_1}^{T_2} P_1^0\, dt\quad,$$

wenn $|A - A^0| > |D|$; wobei D die Genauigkeitsgrenze darstellt, wird fortgesetzt mit: $\mu_1^1 = = \mu^0 + d\mu$. $d\mu$ bedeutet die Schrittgröße für μ.

Die Iteration wird abgebraochen, wenn $|A - A^\nu|$ innerhalb der Genauigkeitsgrenze $\pm D$ liegt.

Kalorische Werke und Speicherwerke ohne Wirkungsgradveränderung

Es seien m kalorische Werke und ein Speicherwerk vorhanden. Dann gelten folgende Forderungen:

$$\int_{T_1}^{T_2} \sum_{i=1}^{n} K_i \, dt = \text{Min} !$$

1. $\qquad \sum_{i=1}^{n} P_i = N \qquad$, $\qquad\qquad$ 2. $\qquad \int_{T_1}^{T_2} P_n \, dt = A_s$

Nach (10) ergibt sich wieder:

$$(F - \lambda(t) \, G - \mu H)_{\varsigma} = 0 \qquad .$$

Mit den aktuellen Parametern erhält man:

$$\frac{\partial \sum\limits_{i=1}^{m} K_i}{\partial P_i} - \lambda(t) \frac{\partial \sum\limits_{i=1}^{n} P_i}{\partial P_i} + \frac{\partial P_n}{\partial P_i} \mu = 0 \qquad .$$

Das Ergebnis lautet für die einzelnen Komponenten von i

für i = 1 ... m $\qquad\qquad\qquad . \quad \dfrac{dK_i}{dt} = \lambda(t)$

für i = n $\qquad\qquad\qquad \lambda(t) = \mu$

Das graphische Funktionsmodell lautet:

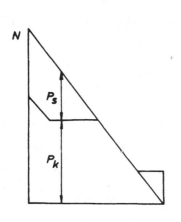
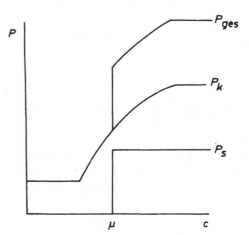

Der Wert μ stellt den sogenannten Bewertungsfaktor dar. Der Speicherenergie ist ein ideeller Wert zuzuordnen, der so groß sein muß, daß die Arbeitsbedingung

$$\int_{T_1}^{T_2} P_s \, dt$$

erfüllt wird. Um die Höchstleistung des Speicherkraftwerkes zu begrenzen, geht der Wert μ bei $P = P_{max}$ gegen Unendlich.

Es ergibt sich damit eine von der Leistung abhängige ideelle Zuwachskostenkurve für das Speicherwerk mit nachfolgendem Verlauf:

für $\quad P < 0 \qquad\qquad\qquad c_s = 0$, um negative Leistungen zu verhindern,

$\qquad\quad P > 0$
$\qquad\qquad\qquad\qquad\qquad\qquad c_s = \mu$
$\qquad\quad < P_{s_{max}}$

$\qquad\quad P > P_{s_{max}} \qquad\qquad\quad c_s = \infty$ als Leistungsbegrenzung.

Diese Bestimmung der Funktion $c_s = c(P)$ außerhalb des Bereiches $0 < P < P_{s_{max}}$ läßt sich aus logischen Überlegungen angeben. Mathematisch kann der Bereich außerhalb der zulässigen Leistungsgrenzen durch die Kuhn und Tucker-Ungleichungsbedingungen ermittelt werden.

Die Ungleichungsbedingungen lauten:

$$P_s \geqslant 0$$

und

$$P_s < P_{s_{max}} \qquad\qquad \text{bzw.} \qquad\qquad P - P_{s_{max}} \leqslant 0 \qquad .$$

Fügt man diese Ungleichungsbedingungen mit den Lagrangefaktoren u und v in die Gl.(10) ein, so ergibt sich:

$$\frac{\partial \sum\limits_{i=1}^{n} K_i}{\partial P_i} - \lambda(t) \frac{\partial \sum\limits_{i=1}^{n} P_i}{\partial P_i} + \mu \frac{\partial P_n}{\partial P_i} + u \frac{\partial P_n}{\partial P_i} + v \frac{\partial (P_n - P_{n_{max}})}{\partial P_i} = 0$$

und für die Komponenten von i

für i = 1 ... m $\qquad\qquad\qquad\qquad \dfrac{dK_i}{dP_i} = \lambda(t)$

für i = n $\qquad\qquad\qquad\qquad\qquad \mu + u + v = \lambda(t) \qquad .$

Für λ, μ, u und v gelten nachfolgende Zusatzbedingungen:

$$u \, P_s = 0 \qquad ; \qquad\qquad\qquad\qquad u \geqslant 0$$

$$v\,(P_s - P_{s_{max}}) = 0 \qquad ; \qquad\qquad v \geqslant 0 \quad .$$

Die Faktoren u und v nehmen somit nur von Null verschiedene Werte an, wenn P an die Leistungsgrenze herankommt.

Das numerische Funktionsmodell lautet:

für $\quad N < P_{1_{min}}$ $\qquad\qquad$ ist $\quad P_1 = P_{1_{min}}\,, \quad P_s = 0$

$\quad N < P(\mu)$

$\qquad\qquad\qquad\qquad\qquad\qquad\qquad P_1 = N \qquad P_s = 0$

$\quad > P_{1_{min}}$

$\quad N < P(\mu) + P_{s_{max}}$

$\qquad\qquad\qquad\qquad\qquad\qquad\qquad P_1 = P_1(\mu)\,, \quad P_s = N - P_1$

$\quad > P(\mu)$

$\quad N > P(\mu) + P_{s_{max}}$ $\qquad P_1 = P - P_{s_{max}}\,, \quad P_s = P_{s_{max}} \quad .$

Die Lösung ist wieder nur durch Iteration zu erhalten. Man beginnt mit einem beliebigen Wert μ, etwa

$$\mu^0 = c(P_1^0) \qquad , \qquad\qquad P_1^0 = 0,9\,P_{1_{max}}$$

damit ergibt sich:

$$A^0 = \int_{T_1}^{T_2} P_s^0 \, dt \quad .$$

Wenn $|A - A^0| > |D|$, wird die Rechnung fortgesetzt, wobei der Wert μ geändert wird, etwa nach folgender Methode:

$$P_1^1 = P_1^0 - \frac{A - A^0}{T_2 - T_1}$$

$$\mu^1 = c(P_1^1) \quad .$$

Die Iteration wird abgebrochen, wenn

$$|A - A^0| < |D|$$

ist.

In ähnlicher Weise könnten auch noch Funktionsmodelle mit Berücksichtigung der Wirkungsgradänderungen in Abhängigkeit von der Leistung, für die Verwendung von Pumpspeicherwerken, für den Fremdbezug mit Arbeitsbedingung und ähnliches abgeleitet werden. Hier sollte jedoch nur das Grundsätzliche gezeigt werden.

Praktische Durchführung der Einsatzplanung

Die im Abschnitt „Optimale Einsatzplanung" abgeleitete Methode ist grundsätzlich sowohl für die Optimierung der Lastverteilung im Rahmen der Betriebsführung wie auch für die Einsatzplanung als Grundlage für die Kraftwerksausbauplanung geeignet. Während für die ersteren Aufgaben bereits eine größere Genauigkeit erforderlich ist und deshalb auch Wirkungsgradveränderungen bei Wasserkraftwerken und Abstellverluste bei Dampfkraftwerken berücksichtigt werden sollen, erlaubt die Anwendung bei der Ausbauplanung ein gröberes Modell, verlangt jedoch kürzere Ausführungszeiten.

Das Betriebsmodell

1. Der Strombedarf wird durch Tagesdiagramme, unterteilt in Stundenwerte, ausgedrückt, wobei jeder Monat durch drei charakteristische Tage, einen Werktag, einen Samstag und einen Sonntag repräsentiert wird und die Anzahl der verschiedenen Tagestypen je Monat vorgeschrieben werden kann. Insgesamt werden somit drei mal zwölf verschiedene Tage für ein Jahr vorgegeben, aus denen durch Umrechnung mit Steigerungsfaktoren der Bedarf für das gewünschte Jahr prognostiziert werden kann. Es wäre ohne weiteres möglich, die Prognose zu verfeinern und auch Veränderungen der Form der Tagesdiagramme einzubeziehen, wie etwa den Trend zur Zunahme der Tagesgrundlast.
2. Das hydraulische Energiedargebot wird monatlich vorgegeben und kann nach den drei Gütestufen Trocken-, Regel- und Naßjahr eingesetzt werden, wobei diese Begriffe für Überschreitungswahrscheinlichkeiten von 90, 50 und 10% gelten.
   Die Erzeugung der Laufkraftwerke und der nicht speicherbaren Energie aus Schwell- oder Speicherwerken wird gleichmäßig über die Monate verteilt angenommen.
   Bei Speicherwerken ist neben dem Zufluß auch die monatliche Speicherentnahme oder der Aufstau anzugeben, der stündliche Einsatz wird der Optimierung unterworfen. Der Einsatz des Schwellkraftwerkes wird unter Berücksichtigung der möglichen Wochenendspeicherung optimiert.
   Für ein Pumpspeicherwerk ist der Pumpwirkungsgrad und die Speichergröße anzugeben. Eine Wirkungsgradveränderung infolge Last- oder Fallhöhenänderung wird bei den hydraulischen Werken nicht berücksichtigt.
3. Kalorische Werke können in einer Anzahl bis maximal zehn in die Optimierung einbezogen werden, von denen Höchst- und Mindestlast, mittlere spezifische Kosten, Kosten der Mindestlast und die Zuwachskosten über den gesamten zulässigen Lastbereich bekannt sein müssen.
   Die Auswahl der Werke für den Einsatz erfolgt nach einem Schema, das mittlere Kosten, zu erwartenden Einsatz, erforderliche Höchstlast und Betriebsbereitschaft berücksichtigt, aber nicht auf optimale Auswahl prüft. Die Mindestlasten einmal eingesetzter Werke werden wie Laufenergie behandelt. Werke, die über das Wochenende nicht gebraucht werden, werden ab Samstag mittag abgestellt. Durch Addition der Zuwachskostenkurven der ausgewählten Kraftwerke wird ein Ersatzkraftwerk ermittelt, dessen Einsatz nach dem Prinzip der Variationsrechnung der Gesamtoptimierung unterworfen wird, die Aufteilung der Lasten auf die einzelnen Werke erfolgt dann nach dem Prinzip gleicher Zuwachskosten.
   Die maximale Laständerungsgeschwindigkeit kann, bezogen auf die Höchstlast, vorgeschrieben werden.

Für ein Kraftwerk kann eine Mindestarbeit vorgegeben werden, um z.B. einen Kohlelieferungsvertrag einzuhalten.

4. Die maximale Bezugsleistung und der Anteil des Strombezuges am Verbrauch sind vorzugeben, die vertraglich festgelegten Bezugsverpflichtungen werden eingehalten. Der stündliche Bezug wird unter Berücksichtigung der Tarife der Gesamtoptimierung unterworfen. Erhöhte Bezugsleistung zu höherem Preis ist zu bestimmten Zeiten zulässig.

5. Optimierungszeitraum für die Variationsrechnung ist ein Monat.

Das Funktionsmodell

Für das im vorigen Abschnitt angegebene Objektsmodell ist nach den Angaben des Kapitels „Optimale Einsatzplanung" das entsprechende Funktionsmodell zu erstellen. (Siehe Skizze Beilage 1). Dabei ist zu beachten, daß das dargestellte Modell nur für einen bestimmten Fall gilt. Je nach zur Verfügung stehender Arbeit in den einzelnen Kraftwerken liegen deren Einsatzbereiche im Diagramm weiter oben oder unten.

Außer diesem Funktionsmodell sind für den Einsatz der einzelnen Kraftwerkstypen noch folgende Regeln oder Einschränkungen zu beachten:

1. Zur Vermeidung des Überlaufes von Speichern (Pumpspeicherwerk oder Schwellkraftwerk) ist im Funktionsmodell der Grenzwert für den zulässigen Einsatz so festzulegen, daß über das Wochenende bzw. über die Nacht nur maximal eine Speicherfüllung gespeichert wird.

2. Das Schwellkraftwerk hat zu bestimmten Zeiten eine vorgegebene Pflichtwassermenge (und dementsprechend eine bestimmte Leistung) abzugeben. Dies wird dadurch erreicht, daß bereits vor der Optimierung die entsprechende Leistung eingesetzt wird und dies dann bei der Lastverteilung Berücksichtigung findet.

3. Einhaltung von Laständerungsgeschwindigkeiten bei kalorischen Werken. Wird die zugelassene Laständerung je Zeiteinheit überschritten, so wird die Zuwachskostenlinie des kalorischen Werkes so lange verändert, bis der zulässige Wert der Laständerung erreicht wird. Für den nächsten Zeitabschnitt wird die Kostenlinie wieder auf den Normalwert reduziert. Damit wird erreicht, daß die fehlende oder überschüssige Leistung auf die übrigen Werke entsprechend der optimalen Lastverteilung aufgeteilt wird.

4. Einhaltung einer Arbeitsbedingung eines kalorischen Werkes. Dies wird erreicht durch Verschieben der zugehörigen Zuwachskostenkurve, bis die Arbeitsbedingung erfüllt ist.

Das Rechenprogramm für die Einsatzplanung

Das Programm für die Einsatzplanung besteht im wesentlichen aus fünf Teilen:

Teil 1: Einlesen der Angaben, wozu für häufig gebrauchte Daten eine Magnetplatte verwendet wird, spezielle Angaben werden über Lochkarten eingegeben. Mittels Kennzahlen für Monat, Jahrescharakter usw. werden die Daten aus der Magnetplatte abgerufen. Weiters wird hier angegeben, ob die Rechnung einen einzelnen Monat oder ein ganzes Jahr erfassen soll. Auch die gewünschte Ausgabeart ist hier bekanntzugeben.

Teil 2: Durchführung der vorbereitenden Rechnung. Verteilung der Laufenergie und Einsatz der nicht speicherbaren Energie (Pflichtwasser für Unterlieger). Errechnung der Grenzen für die Speicherfüllung beim Pumpspeicherwerk und beim Schwellkraftwerk. Auswahl der kalorischen Werke nach den Gesichtspunkten des wirtschaftlichen Einsatzes und der Einhaltung der geforderten Reserve. Dazu wird vorerst festgestellt,

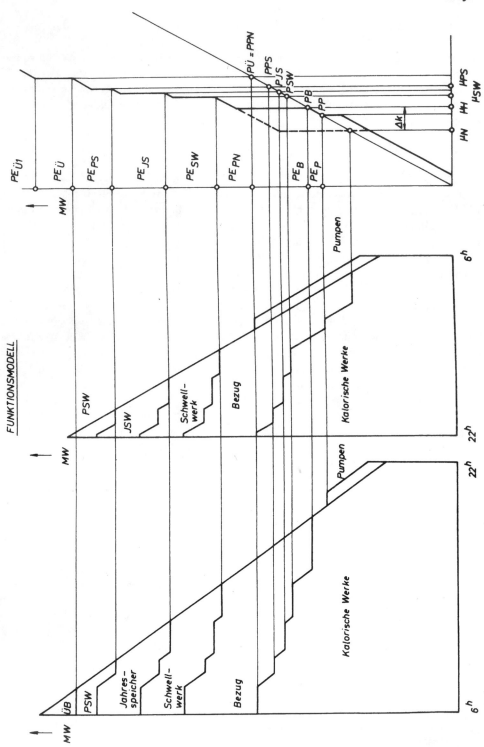

welche Arbeit und welche Leistung durch kalorische Werke bereitzustellen sind. Hierauf werden die vorhandenen kalorischen Werke nach ihren mittleren spezifischen Kosten geordnet und der Reihe nach überprüft, ob sie bezüglich fehlender Leistung und abzudeckender Arbeit für den Einsatz geeignet erscheinen. Wird ein Werk eingesetzt, so wird unter Berücksichtigung eines Reservefaktors die Höchstleistung und eine angemessene Arbeit von den Restwerten abgezogen und das nächste Werk für den Einsatz geprüft, bis die geforderten Werte für Arbeit und Leistung erreicht sind. Diese Vorgangsweise wird für Wochentag und Wochenende getrennt durchgeführt. Aus den eingesetzten Werten wird die Summenzuwachskostenkurve ermittelt, wobei die Leistungen für bestimmte Kostenstufen (z.B. je 0,5 g/kWh) gespeichert werden und dazwischen eine lineare Interpolation erfolgt.

Teil 3: Die eigentliche Optimierung. Erstellung des Funktionsmodelles, wozu vorerst für alle unabhängigen Bewertungsfaktoren der gleiche Anfangswert so festgelegt wird, daß er bei 90% der kalorischen Höchstlast (ca. Bestlast) liegt. Nachdem damit die abhängigen Bewertungsfaktoren (Zuordnung von Niedertarif und Übertarif zu Hochtarif, Pumpspeicherung zu Turbinenbetrieb) ermittelt wurde, wird die Verteilung der variablen Energie (Speicher, Bezug) und der kalorischen Energie vorgenommen, indem Stunde für Stunde die Last unter Beachtung der zulässigen Laständerungsgeschwindigkeit der kalorischen Werke aufgeteilt wird. Nach Durchführung der Verteilung wird die Arbeitsbedingung der variablen Energie zusammen überprüft und mit geändertem Einsatzpunkt (Bewertungsfaktor) eine neue Lastaufteilung durchgeführt, bis die Summenarbeitsbedingung aller Werke erfüllt ist. Nun wird Werk für Werk überprüft, ob auch die einzelnen Arbeitsbedingungen eingehalten werden und bei Abweichung die entsprechenden Bewertungsfaktoren so lange geändert, bis auch die Einzelarbeitsbedingungen erfüllt sind, wobei jedes Mal mit der Lastaufteilung neu zu beginnen ist (Iteration). In gleicher Weise ist auch die Arbeitsbedingung für das kalorische Werk zu überprüfen. In der Beilage 2 ist die Zuwachskostenfunktion für die kalorischen Werke dargestellt, wobei für das Werk mit Arbeitsbedingung eine Verschiebung im Sinne einer Bewertungsfaktoränderung angedeutet ist.
In diesem Zusammenhang sei auf die Schwierigkeit bei Erstellung des Programmes hingewiesen, weil es durch die unregelmäßige Gestalt der Summenzuwachskostenkurve leicht zu Pendelungen kommen kann und durch Änderung eines Bewertungsfaktors allein eine gestellte Arbeitsbedingung nicht erreicht wird. Es ist deshalb notwendig, bei Eintreten solcher Pendelungen in der Steuerung der Bewertungsfaktoren (Änderung für neue Iteration) zwischen einzelnen Kraftwerken abzuwechseln. Ist der Einsatz mit den vorhandenen Werken nicht möglich, so erfolgt ein Rücksprung in Teil 2 und es wird ein neues kalorisches Werk angefordert bzw. die Unmöglichkeit der Lastaufteilung gemeldet, wenn kein Werk mehr vorhanden ist.

Teil 4: Hier erfolgt die Aufteilung der Leistung des kalorischen Ersatzkraftwerkes auf die einzelnen Werke und die Ermittlung der Brennstoffkosten durch Integration der Zuwachskosten bis zum jeweiligen Einsatzpunkt. Außerdem wird die Arbeit, getrennt nach Tagen und in Summe für die einzelnen Werke zusammengestellt.

Teil 5: Ausdrucken des Ergebnisses. Hier wird eine Liste für den Einsatz sämtlicher Werke je Stunde (Fahrplan) ausgegeben, weiters werden Arbeitssumme, Brennstoff- und Bezugskosten ausgedruckt. Auf Wunsch kann der Fahrplan auch graphisch als Diagramm ausgegeben werden (Beilage 3).

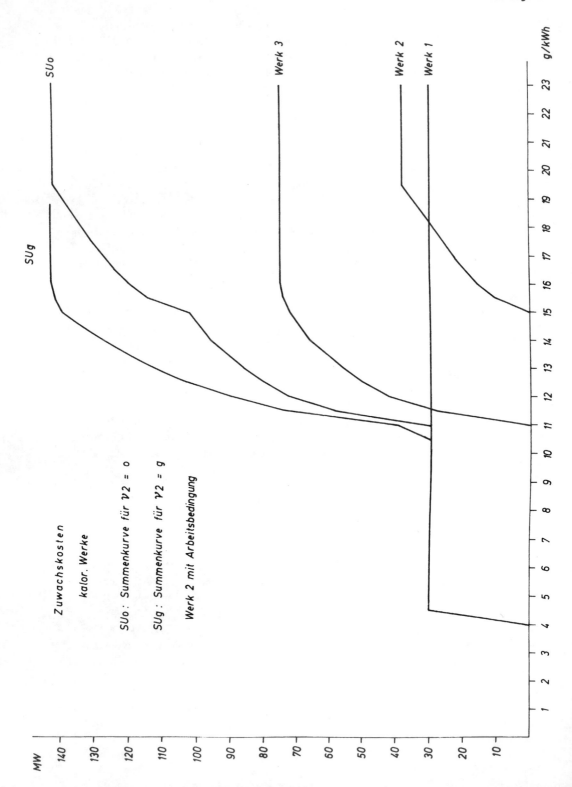

Beilage 2

Zuwachskosten
kalor. Werke

SUo: Summenkurve für $\nu_2 = 0$

SUg: Summenkurve für $\nu_2 = g$

Werk 2 mit Arbeitsbedingung

SUg

SUo

Werk 3

Werk 2

Werk 1

MW

g/kWh

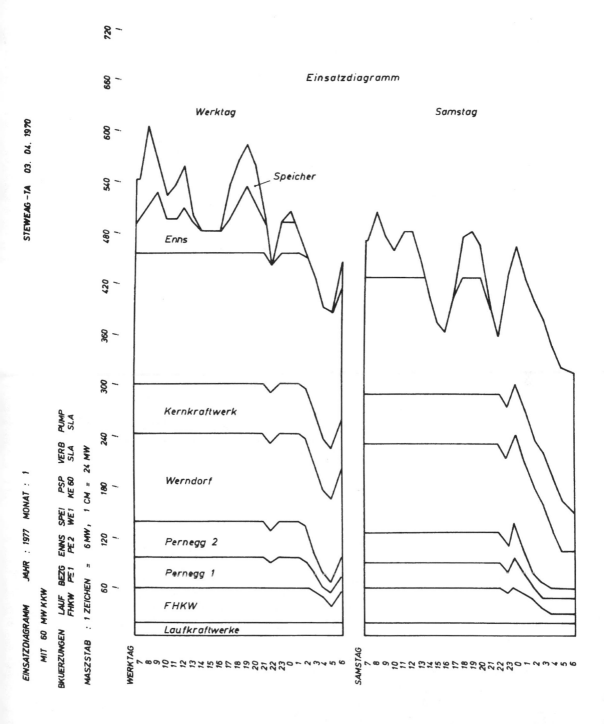

Beilage 3

STEWEAG-TA   03. 04. 1970

EINSATZDIAGRAMM   JAHR : 1977 MONAT : 1

MIT 60 MW KKW

BKUERZUNGEN   LAUF BEZG ENNS SPEI PSP   VERB PUMP
              FHKW PE1   PE2   WE1 KE60   SLA   SLA

MASZSTAB : 1 ZEICHEN = 6 MW, 1 CM = 24 MW

Einsatzdiagramm

Werktag

Samstag

Speicher

Enns

Kernkraftwerk

Werndorf

Pernegg 2

Pernegg 1

FHKW

Laufkraftwerke

Die Rechenzeit beträgt auf einer Anlage Siemens 4004/35 1/2 bis 1 Minute je Monatsrechnung.

Ein Anwendungsbeispiel

Aufgabenstellung

Für ein Elektrizitätsversorgungsunternehmen (EVU) soll ein Ausbauplan für das nächste Jahrzehnt erstellt werden. Das EVU habe bereits eine Reihe von Kraftwerken verschiedener Art in Betrieb; Lauf-, Schwell- und Speicherwerke sowie mehrere kalorische Anlagen, weiters werde ein fixer Anteil am Bedarf von einem fremden EVU bezogen.

Unter den Projekten befinde sich ein konventionelles Dampfkraftwerk, ein Kernkraftwerk (Beteiligung an einem Kernkraftwerk) und eine Gasturbine.

Eine Ausbauvariante mit der Bezeichnung A sieht den Bau der Projekte in der genannten Reihenfolge vor, eine Variante B dagegen den Bau in umgekehrter Reihenfolge (Beilage 4). Gefragt wird nach der wirtschaftlichsten Lösung und den Auswirkungen auf den Einsatz der übrigen Werke.

Weiters sei zwecks Auslegung des Maschinensatzes die mittlere Jahresdauerlinie für den Einsatz des kalorischen Werkes zu ermitteln.

Durchführung der Rechnung

Es wird vorausgesetzt, daß die verschiedenen Kostenfaktoren für die einzelnen Kraftwerksprojekte bekannt seien, insbesondere auch die Brennstoffkosten als Funktion der Leistung.

Nach dem Leistungsbedarf wird vorerst ein Zeitplan für die Inbetriebnahme der einzelnen Werke erstellt, sofern der Inbetriebnahmetermin nicht aus anderen Gründen vorgegeben werden muß. Die Festkosten der Projekte werden nach der Methode gleicher Annuitäten zusammengestellt und in den Kostenvergleich einbezogen.

Die arbeitsabhängigen Kosten müssen in ihrer Gesamtheit für alle Kraftwerke pro Jahr ermittelt werden. Dazu wird das früher beschriebene Programm verwendet, womit der Kraftwerkseinsatz über mehrere Jahre erstellt wird und Brennstoff- und Bezugskosten errechnet werden (Beilage 5,a,b). Zusammen mit den Festkosten ergeben sich damit die gesamten Aufwendungen, die einander gegenüberzustellen sind.

Ergebnis der Rechnung

Mit den angenommenen Daten für Brennstoffpreis und Investitionskosten ergeben sich die Jahreskosten, wie sie in der Beilage 6 dargestellt sind. Zum Vergleich der Wirtschaftlichkeit ist es günstiger, die Barwertsummenlinien aufzutragen und zu vergleichen bzw. die Differenz der Barwerte darzustellen, wie das in Beilage 6 unten durchgeführt wurde. Daraus ist zu ersehen, daß z.B. Variante B unter den gegebenen Voraussetzungen günstiger ist.

Der voraussichtliche Einsatz der kalorischen Werke im Regeljahr ist in Beilage 7 dargestellt. Bei Variante B kämen dabei die alten Werke zu wesentlich höheren Benützungsstunden als bei Variante A.

Die voraussichtliche Einsatzweise des neuen Dampfkraftwerkes ist in Beilage 8 gezeichnet. Diese Darstellung bietet die Möglichkeit für die wirtschaftliche Auslegung des Blockes.

AUSBAUKONZEPTE

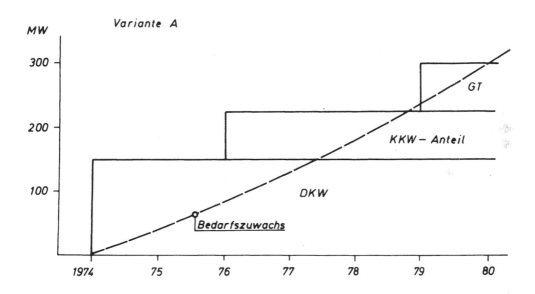

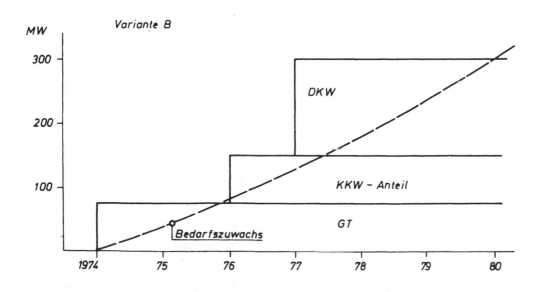

Beilage 5

EINSATZPLANUNG JAHR: 1977, MONAT: 1

VARIANTE:

MIT GABERSDORF + 150 MW NEUDORF/WERNDORF 2

BEREITSTELLUNG DER ENERGIE IN MW

	VERBR.	BEZUG	UEBEZ.	LKW	ENNS	J.SPW	P.SPW	DKW	PUMP.	LIEF.	FMKW	PE1	PE2	WE1	WE2	KE60	SLA	FEME
7	541	177	0	25	27	37	0	148	0	0	41	0	0	62	112	60	0	0
8	609	177	0	25	87	45	0	148	0	0	41	0	0	62	112	60	0	0
9	567	177	0	25	45	45	0	148	0	0	41	0	0	62	112	60	0	0
10	547	177	0	25	27	43	0	148	0	0	41	0	0	62	112	60	0	0
11	567	177	0	25	45	45	0	148	0	0	41	0	0	62	112	60	0	0
12	588	177	0	25	66	45	0	148	0	0	41	0	0	62	112	60	0	0
13	516	177	0	25	26	13	0	148	0	0	41	0	0	62	112	60	0	0
14	482	150	0	25	26	6	0	148	0	0	41	0	0	62	112	60	0	0
15	497	165	0	25	26	6	0	148	0	0	41	0	0	62	112	60	0	0
16	497	165	0	25	26	6	0	148	0	0	41	0	0	62	112	60	0	0
17	515	177	0	25	26	12	0	148	0	0	41	0	0	62	112	60	0	0
18	568	177	0	25	46	45	0	148	0	0	41	0	0	62	112	60	0	0
19	583	177	0	25	61	45	0	148	0	0	41	0	0	62	112	60	0	0
20	570	176	0	25	48	45	0	148	0	0	41	0	0	62	112	60	0	0
21	508	108	0	25	26	6	0	148	0	0	41	0	0	62	112	60	0	0
22	440	177	0	25	26	6	0	148	0	0	41	0	0	62	112	60	0	0
23	508	177	0	25	26	5	0	148	0	0	41	0	0	62	112	60	0	0
0	516	177	0	25	26	13	0	148	0	0	41	0	0	62	112	60	0	0
1	512	177	0	25	26	9	0	148	0	0	41	0	0	62	112	60	0	0
2	469	177	0	25	0	0	0	140	0	0	41	0	0	58	108	60	0	0
3	437	177	0	25	0	0	0	108	0	0	39	0	0	41	95	60	0	0
4	417	177	0	25	0	0	0	88	0	0	38	0	0	40	77	60	0	0
5	404	177	0	25	0	0	0	75	0	0	37	0	0	40	65	60	0	0
6	440	177	0	26	26	3	0	82	0	0	37	0	0	40	72	60	0	0
SUMME MWH	12298	4127	0	600	738	480	0	3305	0	0	971	0	0	1397	2545	1440	0	0

Beilage 5a

SAMSTAG

Std																		
7	448	105	0	25	43	0	0	148	0	0	41	0	0	62	112	60	0	0
8	486	105	0	25	81	0	0	148	0	0	41	0	0	62	112	60	0	0
9	469	105	0	25	64	0	0	148	0	0	41	0	0	62	112	60	0	0
10	447	105	0	25	42	0	0	148	0	0	41	0	0	62	112	60	0	0
11	455	105	0	25	50	0	0	148	0	0	41	0	0	62	112	60	0	0
12	477	105	0	25	72	0	0	148	0	0	40	0	0	63	112	60	0	0
13	419	87	0	25	32	0	0	148	0	0	40	0	0	63	112	60	0	0
14	361	29	0	25	32	0	0	148	0	0	40	0	0	63	112	60	0	0
15	344	12	0	25	32	0	0	148	0	0	40	0	0	63	112	60	0	0
16	348	16	0	25	32	0	0	148	0	0	40	0	0	63	112	60	0	0
17	377	45	0	25	32	0	0	148	0	0	40	0	0	63	112	60	0	0
18	435	103	0	25	32	0	0	148	0	0	40	0	0	63	112	60	0	0
19	448	105	0	25	43	0	0	148	0	0	40	0	0	63	112	60	0	0
20	430	97	0	25	33	0	0	148	0	0	40	0	0	63	112	60	0	0
21	382	49	0	25	33	0	0	148	0	0	40	0	0	63	112	60	0	0
22	351	18	0	25	33	0	0	148	0	0	40	0	0	63	112	60	0	0
23	460	177	0	25	0	0	0	131	0	0	40	0	0	54	105	60	0	0
0	468	177	0	25	0	0	0	139	0	0	40	0	0	58	108	60	0	0
1	466	177	0	25	0	0	0	137	0	0	39	0	0	57	107	60	0	0
2	427	177	0	25	0	0	0	98	0	0	37	0	0	40	88	60	0	0
3	395	177	0	25	0	0	0	66	0	0	33	0	0	40	60	60	0	0
4	357	177	0	25	0	0	0	28	0	0	12	0	0	40	60	43	0	0
5	330	177	0	25	0	0	0	1	0	0	12	0	0	40	60	16	0	0
6	312	160	0	25	0	0	0	0	0	0	12	0	0	40	60	15	0	0
SUMME MWH	9892	.2590	0	600	686	0	0	2968	0	0	870	0	0	1372	2440	1334	0	0

Beilage 5b

EINSATZPLANUNG JAHR : 1977 MONAT : 1

SONNTAG

7	281	0	25	0	0	129	0	0	39	0	0	0	53	104	60	0	0
8	307	0	25	7	0	148	0	0	40	0	0	0	63	112	60	0	0
9	333	0	25	33	0	148	0	0	40	0	0	0	63	112	60	0	0
10	361	27	25	34	0	148	0	0	40	0	0	0	63	112	60	0	0
11	417	27	25	90	0	148	0	0	40	0	0	0	63	112	60	0	0
12	434	27	25	107	0	148	0	0	40	0	0	0	63	112	60	0	0
13	339	6	25	33	0	148	0	0	40	0	0	0	63	112	60	0	0
14	274	0	25	0	0	122	0	0	39	0	0	0	49	101	60	0	0
15	258	0	25	0	0	106	0	0	38	0	0	0	41	94	60	0	0
16	255	0	25	0	0	103	0	0	38	0	0	0	40	92	60	0	0
17	291	0	25	0	0	139	0	0	40	0	0	0	58	103	60	0	0
18	365	27	25	38	0	148	0	0	40	0	0	0	63	112	60	0	0
19	398	27	25	71	0	148	0	0	40	0	0	0	63	112	60	0	0
20	398	27	25	71	0	148	0	0	40	0	0	0	63	112	60	0	0
21	361	27	25	34	0	148	0	0	40	0	0	0	63	112	60	0	0
22	326	0	25	26	0	148	0	0	40	0	0	0	63	112	60	0	0
23	419	177	25	0	0	90	0	0	37	0	0	0	40	80	60	0	0
0	451	177	25	0	0	122	0	0	39	0	0	0	49	101	60	0	0
1	461	177	25	0	0	132	0	0	40	0	0	0	54	105	60	0	0
2	435	177	25	0	0	106	0	0	38	0	0	0	41	94	60	0	0
3	401	177	25	0	0	72	0	0	35	0	0	0	40	64	60	0	0
4	372	177	25	0	0	43	0	0	12	0	0	0	40	60	58	0	0
5	377	177	25	0	0	48	0	0	15	0	0	0	40	60	60	0	0
6	425	177	25	29	0	67	0	0	34	0	0	0	40	60	60	0	0

SUMME
MWH 8739 1611 600 573 0 2907 0 0 884 0 0 0 1278 2355 1438 0 0

SUMME
MWH 345448 103619 18600 21576 9120 98045 0 28973 0 0 0 42643 77125 43992 0 0
S X 1000 5101. 5392. 9178. 3191.

ARBEIT (MWH)		KOSTEN (S)
VG-BEZUG	HT	59823	17.947488
	NT	43794	9.634680
	UE	0	0.000000
	SU	103619	27.582160
KAL.WERKE			22.862192
SUMME		192533	50.444352

WIRTSCHAFTLICHKEITSVERGLEICH

zwischen Variante A und B

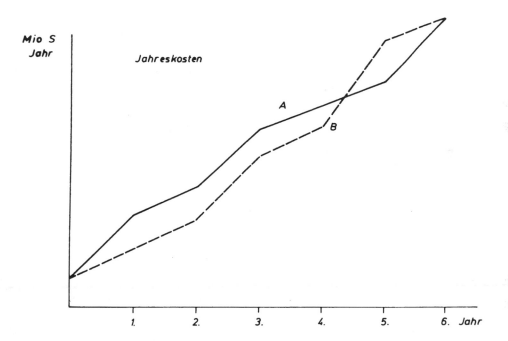

Jahreskosten

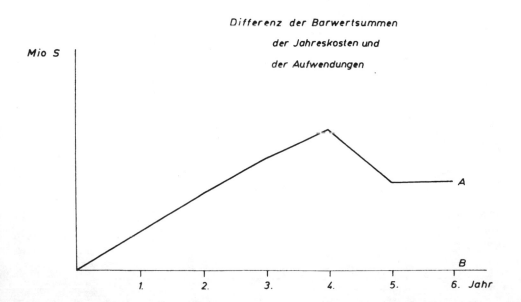

Differenz der Barwertsummen
der Jahreskosten und
der Aufwendungen

EINSATZ DER KALOR. WERKE IM REGELJAHR

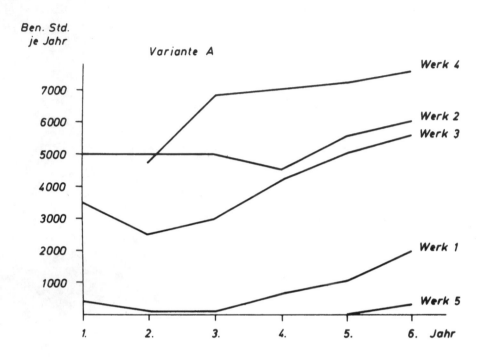

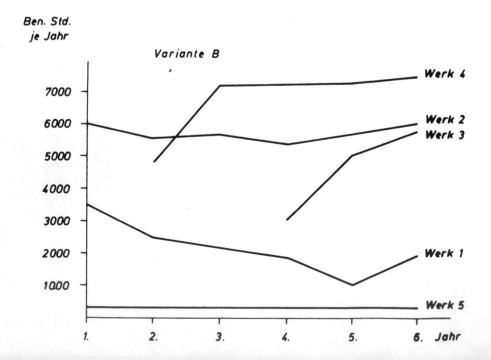

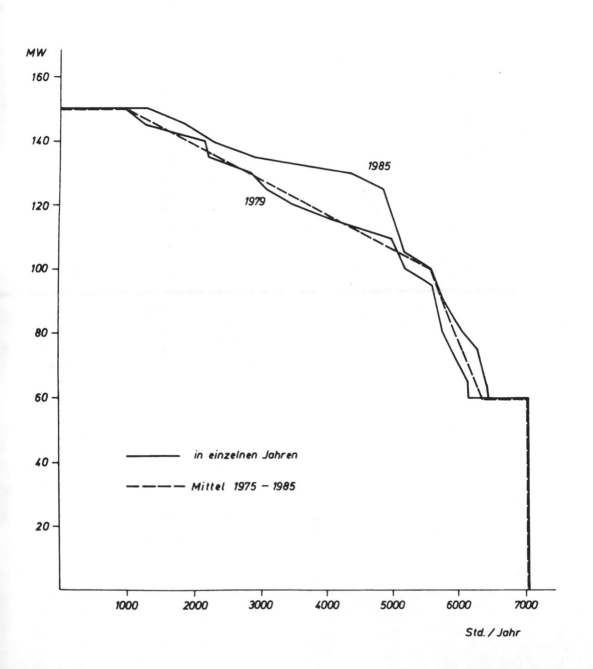

Beilage 8

VORAUSSICHTLICHER EINSATZ DES KALOR. KRAFTWERKES BEI
OPTIMALER LASTVERTEILUNG

MW

160

140

1985

120

1979

100

80

60

40 — in einzelnen Jahren

20 — — — Mittel 1975 − 1985

1000   2000   3000   4000   5000   6000   7000

Std. / Jahr

IV.2 Optimierungsverfahren zur Kraftwerksausbauplanung der österreichischen Verbundgesellschaft

Grundsätzliches

Die heutigen Planungsaufgaben in der Elektrizitätswirtschaft, die durch das große Wachstum und dem damit verbundenen Investitionsvolumen sich auszeichnen, rechtfertigen die Erstellung entsprechender Investitions- und Produktionsmodelle im Hinblick auf eine integrierte Gesamtplanung. In diesem Rahmen wurde in der Verbundgesellschaft speziell die Kraftwerksausbauplanung behandelt. Es sollte unter Anwendung moderner mathematischer Methoden eine Kraftwerksausbauoptimierung erstellt werden. Diese war abzustimmen auf die besondere Situation des Unternehmens wie z.B. der hohe hydraulische Anteil in der Erzeugung und den technischen wie methodischen Gegebenheiten (Rechnergröße, verfügbares Datenmaterial usw.).

Modellkonzeption

Das Optimierungsziel ist die Kostenminimierung bei der zukünftigen Bedarfsdeckung. Gesucht wird jene Ausbauvariante, die im Planungszeitraum den auftretenden Bedarf mit einer vorgegebenen Sicherheit deckt und bei der die Summe der auftretenden Kosten, wie Investitionskosten und Betriebskosten, minimal sind.

Das Zusammenwirken künftiger Systeme bei der Deckung kann nur durch Gesamtsystembetrachtungen des zu planenden Kraftwerkparkes gelöst werden. Dies bedeutet eine Ausbauoptimierung unter Einschluß der Einsatzoptimierung für alle denkbaren zukünftigen Kraftwerkszusammensetzungen. Bei dem hohen Wasserkraftanteil in Österreich müßte für eine Untersuchung eine Vielzahl von hydrothermischen Einsatzoptimierungen ablaufen. Dies würde auch bei Großrechenanlagen zu untragbaren Rechenzeiten führen. Es wurde daher als zweckmäßig erachtet, eine Zweiteilung in Ausbauoptimierung mittels dynamischer Programmierung unter Verwendung einer einfachen Deckungsstrategie und einer Einsatzoptimierung mittels der Gradientenprojektionsmethode, basierend auf einem detaillierten Modell, zu vollziehen. Die Anwendung beider Verfahren erfolgt einander ergänzend und überprüfend, dadurch kann näherungsweise die Aufgabe gelöst werden.

Programm „Kostenoptimierung bei der Projektauswahl"

Zweck des Programms:

Ausgehend vom bestehenden Altsystem sind jene Ausbauentscheidungen durch Auswahl und Reihung von Projekten und Kraftwerkstypen zu ermitteln, die die optimale Ausbaufolge ergeben.

Der Schwerpunkt der Anwendung liegt bei mittel- und langfristigen Planungszeiträumen, das Programm geht bezüglich der Hinzunahme von Projekten in Jahresschritten vor. Vorausgesetzt wird eine Bedarfsprognose, wobei die Streuung der Prognose mit eingehen kann.

Dateneingabe:

Block Kraftwerksdaten:

Die zukünftigen Kraftwerksparks setzen sich aus folgend definierten Elementen zusammen:

„Altanlagen"	– keine Entscheidung
„Projekte" (standortgebundene, fest konzipierte Kraftwerke)	– Entscheidung über Zeitpunkt der Hinzunahme
„Projekttypen" (Normkraftwerke, z.B. Kernkraftwerk 1000 MW)	– Entscheidung über Anzahl und Zeitpunkt der Hinzunahme

Einsatzcharakteristik, Hydraulizitäten und Kostendaten zu jedem Element verschieden für
Laufkraftwerke
Schwellkraftwerke
Speicher
Pumpspeicher
„Thermisch Band"
„Thermisch Regel".

Block Bedarfsangaben: Verteilung der Jahresarbeit pro Jahr (Prognoseunsicherheit)
Strukturangabe – Dauerlinien.

Block finanzmathematische Daten:
Kostensteigerungsfaktoren
Zinssatz
Abschreibungsfaktoren
Steuersätze.

Aufbau des Programmes:

Modularer Aufbau nach den vier Grundfunktionen: (siehe Abb. 1).

GENER: Zusammenstellen aller zu betrachtenden Kraftwerksparks, durch Einschränkungen sinnvoll begrenzbar.

AUWBER: Überprüfung der Sicherheit generierter Systeme (Kraftwerksparks), Berechnung der Ausfallwahrscheinlichkeit („Loss of Load-Probability").

SIMUL: Bestimmung der Einsatzkosten bei der Deckung, Durchführung für jedes generierte System, Bildung eines Erwartungswertes der Kosten aufgrund der Verteilungen der Hydraulizitäten und des Bedarfes.

STEP: Bestimmung der optimalen Übergänge mit dem Dynamic-Programming-Algorithmus.

Mathematische Darstellung von Modell und Verfahren:

Jeder Zustand eines Kraftwerkssystems zu den einzelnen Zeitschritten („Systemzustand") setzt sich aus den Systemelementen Altanlagen, Projekte und Projekttypen zusammen. Deren Anzahl sei folgendermaßen bezeichnet:

Abb. 1 PROGRAMM: „KOSTENOPTIMIERUNG BEI DER PROJEKTAUSWAHL"

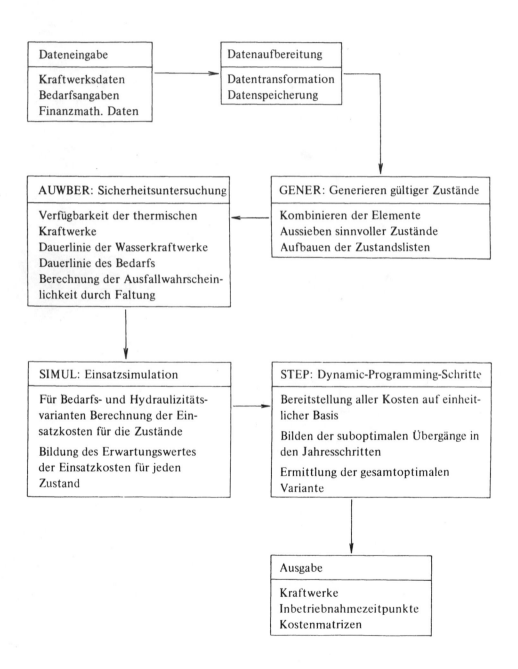

n_A Anzahl von Altanlagen

n_P Anzahl von Projekten

n_T Anzahl von Projekttypen.

Die gesamte Anzahl der Systemelemente ist

$$m = n_A + n_P + n_T \quad .$$

Jeder Systemzustand, also jede Zusammensetzung eines Kraftwerksparks aus Systemelementen, kann als geordnetes m-Tupel von Zahlen, welche die Realisationen der Elemente angeben, dargestellt werden.

Sei z_ϱ^j der ϱ-te Zustand („state") in der Zustandsliste Z^j des j-ten Jahres der Planung

$$z_\varrho^j = (i_1, \dots , i_{n_A}, i_{n_A+1}, \dots , i_{n_A+n_P}, i_{n_A+n_P+1}, \dots i_m)$$

     Altanlagen   Projekte   Projekttypen

i_k gibt an, wie oft das k-te Systemelement im betrachteten Zustand enthalten ist. Es bedeutet:

$i_k = 0$ außer Betrieb

    $= 1$ in Betrieb   für $k = 1, \dots , n_A$

    $= 0$ Projekt nicht im System
              a) noch nicht realisiert
              b) wieder außer Betrieb
                 für $k = n_A + 1, \dots , n_A + n_P$

    $= 1$ Projekt im System
    $= i$ Projekttyp ist im System i-fach vorhanden (dabei werden Projekttypen, die schon wieder außer Betrieb gegangen sind, hier nicht mitgerechnet)
                 für $k = n_A + n_P + 1, \dots , m$.

Für einen Teilschritt werden die Zustände durch Kombination der möglichen zu realisierenden Elemente ermittelt. Die meisten dieser Kombinationen würden aber keine sinnvollen Kraftwerkssysteme zu dem betrachteten Jahr darstellen und daher die Optimierung unnütz belasten. Es wurde daher ein Zustandsgitter eingeführt, welches die für sinnvoll erachteten Kraftwerkssysteme „aussiebt". Definiert wird dieses Gitter durch eine Liste von Einschränkungen, denen alle weiterhin betrachteten Zustände genügen müssen.

     Jedem Systemelement sind verschiedene charakteristische Werte assoziiert, wie zum Beispiel Leistung, Arbeit, maximaler Pumpaufwand usw.

     Sei w_k^a der zu Element k assoziierte Wert der Art a.

     Eine Einschränkung bezieht sich immer auf eine spezielle Art und auf eine beliebige Menge von Systemelementen $K_e = \{k_1, k_2, \dots, k_r\}$.

     Die Summen der über die Realisationen dieser Menge summierten assoziierten Werte können auf Über- oder Unterschreiten von vorgegebenen Schranken $(w^a_{min})_e$, $(w^a_{max})_e$ überprüft werden.

Die Einschränkungen S_e, $e = 1, \ldots, n_e$ haben folgende Form:

$$(w^a_{min})_e \leqslant \sum_{k \in K_e} i_k \, w^a_k \leqslant (w^a_{max})_e \quad .$$

Die Liste der möglichen sinnvollen Zustände für Jahr j ergibt sich somit in folgender Form

$$Z^j = \{z^j = (i_1, \ldots, i_m) | S_e, e = 1, \ldots, n_e\} \quad .$$

Die Güte eines Zustandes hängt in erster Linie von der Ausfallsicherheit des betreffenden Kraftwerkssystems ab. Dazu führen nicht nur finanzielle Auswirkungen von Ausfällen, sondern vor allem die Pflicht der sicheren Bedarfsdeckung. Es ist also für jeden Systemzustand eine Untersuchung notwendig.

Sei ein Systemzustand z^j betrachtet und festgehalten, es wird nun dessen Sicherheit untersucht:

Sei $f_L(x)$ die Dichtefunktion der Leistungsverteilung der im betrachteten System enthaltenen Laufkraftwerke

$$f_L(x) = w\,\ell_1 \quad \text{für} \quad x = x_{L_1}$$

$$\cdot$$
$$\cdot \qquad\qquad \text{mit} \quad x_{L_{i-1}} < x_{L_i} \; \forall \, i$$
$$\cdot$$

$$= w\,\ell_r \quad \text{für} \quad x = x_{L_r}$$

Die Summe der sicher verfügbaren Leistungswerte, insbesondere aus Speicher und Pumpspeicherwerken sei x_s.

Die Anzahl der im betrachteten Kraftwerkssystem enthaltenen Einheiten mit Ausfallmöglichkeit (thermisch konventionelle und Kernkraftwerke) sei NTH. Deren Ausfallereignisse werden als statistisch unabhängig angenommen.

Sei x_i die Engpaßleistung der Einheit i; p_i deren Ausfallwahrscheinlichkeit. Es erweist sich als sinnvoll, diese Werte als Dichtefunktion der Verfügbarkeitsverteilung darzustellen.

$$f_i(x) = p_i \quad \text{für} \quad x = 0$$

$$= 1-p_i \quad \text{für} \quad x = x_i$$

$$= 0 \quad \text{sonst, für } i = 1, \ldots, NTH \quad .$$

Um die Verfügbarkeitsfunktion des gesamten Systems und damit zum Beispiel auch deren Ausfallserwartung darzustellen, kann folgendermaßen vorgegangen werden.

Ausgehend von der Leistungsverteilung des Systems der Laufkraftwerke inklusive der Kraftwerke mit gesicherter Leistung wird in schrittweisem Vorgehen jeweils eine Kraftwerkseinheit mit Ausfallmöglichkeit zum vorhergehenden System hinzugenommen und so die gesuchte Funktion aufgebaut. Als Zwischenstufen scheinen die Verfügbarkeitsfunktionen der jeweiligen Subsysteme auf.

Sei $f_{S_i}(x)$ die Dichtefunktion zum i-ten Subsystem gehörig

$$f_{S_0}(x) = w\,L_1 \qquad \text{für} \qquad x = x_{L_1} + x_s$$

$$\cdot$$
$$\cdot$$
$$\cdot$$

$$w\,L_r \qquad \text{für} \qquad x = x_{L_r} + x_s$$

$$0 \qquad \text{sonst.}$$

In jedem Schritt wird die Verfügbarkeitsfunktion eines Subsystems mit der Verfügbarkeitsfunktion einer Einheit verknüpft. Dies geschieht durch Anwendung der Faltungsoperation — symbolisiert durch $\otimes$ — auf die entsprechenden Dichtefunktionen

$$f_{S_i} = f_{S_{i-1}} \otimes f_i \qquad \text{für} \qquad i = 1, \dots , NTH \qquad .$$

$f_{S_{NTH}}$ stellt dann die Dichtefunktion der gesuchten Verfügbarkeitsfunktion des gesamten betrachteten Kraftwerkssystems dar. Die Verfügbarkeitsverteilung F_V gibt die Wahrscheinlichkeit an, mit der das System mindestens die Leistung x zur Verfügung stellen kann:

$$F_V(x) = \sum_{y > x} f_{S_{NTH}}(y) \qquad .$$

Um eine Aussage über die Sicherheit der Bedarfsdeckung geben zu können, muß die Leistungsverteilung des Bedarfes über die betrachtete Periode herangezogen werden. Die Verteilung der möglichen ausfallenden Leistung bei der Bedarfsdeckung bzw. jene der noch über den Bedarf hinausgehenden freien Leistung spiegeln die Sicherheitsverhältnisse des Systems bei der Deckung wieder.

Der Bedarf sei gegeben durch die Wertpaare $(x_{B_i}; q_i)$ der normierten Dauerlinie, wobei x_{B_i} die jeweiligen Leistungsstufen mit Eintrittswahrscheinlichkeit q_i sind.

Die Dichtefunktion des Bedarfes sei folgend dargestellt:

$$f_B(x) = q_1 \qquad \text{für} \qquad x = -x_{B_1}$$

$$\cdot$$
$$\cdot$$
$$\cdot$$

$$= q_s \qquad \text{für} \qquad x = -x_{B_s} \qquad .$$

Der Bedarf wird hier durch negative Werte dargestellt, da x eine Erzeugung bedeutet und der Bedarf als Verbrauch entgegensteht.

Die Dichtefunktion für die verbleibende $(x > 0)$, bzw. ausfallende $(x < 0)$ Leistung ist dann

$$f_A = f_{S_{NTH}} \otimes f_B \quad .$$

Die Verteilung der Ausfallsleistung ergibt sich als

$$F_A(x) = \sum_{y \leqslant -x} f_A(y) \quad .$$

Sie gibt an, mit welcher Wahrscheinlichkeit eine größere Leistung als x ausfällt.
Damit ergibt sich für die Verteilung der frei verfügbaren Leistung

$$F_{FR}(x) = 1 - \sum_{y \leqslant x} f_A(y) \quad .$$

Diese gibt an, mit welcher Wahrscheinlichkeit eine größere Leistung als x frei zur Verfügung steht.

Jedem Zustand wird nun der „Ausfallserwartungswert" $p = F_A(0)$ zugeordnet. Alle Zustände, die einer Sicherheitsbedingung $p \leqslant p_{max}$ nicht genügen, werden aus der weiteren Untersuchung herausgezogen.

Die Güte eines Zustandes hängt weiters von den Kosten ab, die beim Einsatz der Kraftwerke zur Bedarfsdeckung entstehen. Hier werden primär nur die dadurch bedingten variablen Kosten, insbesondere die Brennstoffkosten der thermisch konventionellen Kraftwerke und der Kernkraftwerke verstanden. Sie werden für den Zeitschritt über alle Kraftwerke des betreffenden Kraftwerkssystem summiert und dem Zustand zugeordnet. Die Kosten, die dagegen einsatzunabhängig sind (Investition, Instandhaltung, Personalkosten, Steuern) werden der Hinzunahme des Projekts zum System zugeordnet.

Der stochastische Charakter des Bedarfes und des Wasserdargebotes zwingt zur Ermittlung der Brennstoffkosten für verschiedene Kombinationen von Bedarf und Wasserdargebot (Hydraulizität) und der Einbeziehung dieser aufgrund der Verteilungen gewichteten Kosten in einen Erwartungswert.

Sei h_y der Index der Hydraulizitätsvariante mit Eintrittswahrscheinlichkeit q_{h_y}, b der Index der Bedarfsvariante mit Eintrittswahrscheinlichkeit q_b.

Einem Zustand z_ϱ^j wird dann folgender Kostenerwartungswert zugeordnet:

$$\overline{K}_B(z_\varrho^j) = E(K_B(z_\varrho^j)) = \sum_{h_y} \sum_b q_{h_y} q_b K_{B_{h_y,b}}(z_\varrho^j) \quad ,$$

$K_{B_{h_y,b}}(z_\varrho^j)$ ist dabei der Barwert der Einsatzkosten aus der Deckungssituation (h_y, b).

Die Einsatzkosten ergeben sich durch Anwendung der zu erwartenden Deckungsstrategie auf die Kraftwerke des betreffenden Systems, wobei eine Kostensteigerung mit einem finanzmathematischen Steigerungssatz Berücksichtigung findet.

Ein plausibles Kriterium einer solchen Strategie ist:

$$K_B(z_\varrho^j) = \min_{e \in E} (\sum_{\substack{t \in T \\ k \in KW}} K_{t,k}^e)$$

T ... Menge aller Zeitintervalle im j-ten Zeitschritt der Planung

KW ... Menge aller Kraftwerke mit variablen Einsatzkosten

E ... Menge aller dem Bedarf entsprechenden Einsatzarten

$K_{t,k}^e$ ... Barwert der Einsatzkosten des Kraftwerkes k im Zeitabschnitt t.

Diese Forderung würde eine hydrothermische Einsatzoptimierung für jeden Zustand z_ϱ^j des Planungszeitraumes notwendig machen. Wie schon erwähnt, läßt sich dies aus Rechenzeitgründen nicht durchführen. Daher wird eine sinnvolle Deckungsstrategie angewendet, die dem obigen Kriterium möglichst nahe kommt.

Da dies bei allen Varianten in gleicher Weise geschieht, weiters mit dem Einsatzoptimierungsprogramm die Ergebnisse der Deckungsstrategie überprüft werden können, erscheint diese Vorgangsweise für die Ausbaufolgeoptimierung vertretbar. Nach Untersuchung der Zustände nach Ausfall und Einsatz werden die kostenminimalen Ausbaufolgen mittels dynamischer Programmierung ermittelt.

In schrittweisem Vorgehen von Jahr zu Jahr wird, ausgehend vom Altsystem z_1^0, jedem Zustand der betreffenden Jahresliste der Kostenbarwert, der sich aufgrund der bisherigen suboptimalen Entscheidungen ergeben hat, zugeordnet. Die Entscheidungen beziehen sich auf die optimalen Zeitpunkte der Hinzunahme von Projekten, vorausgesetzt, daß sie schon bei diesem Jahresschritt im betrachteten Systemzustand vorhanden sind.

Der Hinzunahme eines Systemelementes k werden folgende Kosten zugeordnet:

$K_{INV}(k)$ — Investitionskosten

$K_{F_i}(k)$ — Festkosten für Betriebsjahr i (Instandhaltung, Personal)

$K_{ST_i}(k)$ — Steuern für Betriebsjahr i

$RSTKAP^{(j)}(k)$ — Restkapital am Ende des Planungszeitraumes bei Inbetriebnahme im Jahr j.

p_{INV}, p_F — Seien die finanzmathematischen Steigerungssätze für K_{INV} und K_F

p_{ZINS} — der Zinssatz.

Der an die Entscheidung der Hinzunahme des Elementes k im Jahr j geknüpfte Kostenbarwert ergibt sich als:

$$K_R^j(k) = [K_{INV}(k)(1 + p_{INV})^j + \sum_{i \in I}(K_{F_i}(k)(1 + p_F)^j + K_{ST_i}) - RSTKAP^j(k)]/(1 + p_{ZINS})^j$$

mit: I, der Menge der Betriebsjahre innerhalb des Planungszeitraumes.

Es wird nun der dynamische Programmierungsschritt vom Jahr j – 1 auf das Jahr j betrachtet.

Die Zustände $z_\varrho^{j-1} \in Z^{j-1}$ seien schon mit deren Kostenbarwert $K(z_\varrho^{j-1})$ bewertet, dieser beinhaltet die mit den bisherigen Entscheidungen zu Zustand z_ϱ^{j-1} gebundenen Kosten.

Die Berechnung des optimalen Überganges zu Zustand z_ϱ^j sieht folgendermaßen aus: Sei nun ein spezieller Übergang von einem Zustand aus (j – 1) zu j betrachtet:

$$z_{\varrho_1}^{j-1} = (i_1^{(1)}, i_2^{(1)}, \dots i_m^{(1)}) \in Z^{j-1}$$

ein beliebiger Zustand aus dèr Zustandsliste vom Jahr (j – 1) mit zugeordnetem Wert $K(z_{\varrho_1}^{j-1})$,

$$z_{\varrho_2}^{j} = (i_1^{(2)}, i_2^{(2)}, \dots i_m^{(2)}) \in Z^{j}$$

sei festgehalten.

Wir wollen hier annehmen, daß gerade keine Kraftwerke außer Betrieb gehen, dann können die neu hinzukommenden Kraftwerke folgendermaßen dargestellt werden:

$$\Delta z_{\varrho_1, \varrho_2} = (i_1^{(2)} - i_1^{(1)}, \dots, i_m^{(2)} - i_m^{(1)}) \quad .$$

Ein Übergang ist nur dann gültig, wenn $i_k^{(2)} - i_k^{(1)} \geqslant 0 \ \forall \, k$, weiters ist es sinnvoll, Einschränkungen für diese Übergangskenngrößen anzugeben (z.B. Zubau pro Jahr auf nur ein Kraftwerk eines bestimmten Typs begrenzt).

Sei L_1 die Menge aller ϱ_1, so daß $z_{\varrho_1}^{j-1}$ einen den Einschränkungen genügendem Übergang auf $z_{\varrho_2}^{j}$ besitzt.

Gesucht ist der kostenminimale Übergang: Seien die Übergangskosten

$$K_{UE}(\Delta z_{\varrho_1, \varrho_2}) = \sum_{k=1}^{m} (i_k^{(2)} - i_k^{(1)}) \, K_R^{(j)}(k) \quad ,$$

dann

$$K(z_{\varrho_2}^{j}) = \min_{\varrho_1 \in L_1} (K(z_{\varrho_1}^{j-1}) + K_{UE}(\Delta z_{\varrho_1, \varrho_2}) + \bar{K}_B(z_{\varrho_2}^{j})) \quad .$$

Dies geschieht für alle Zustände aus Z^j und ebenso für alle Jahre j = 1, ... , n.

Sind die Zustände $z_\varrho^n \in Z^n$ mit $K(z_\varrho^n)$ bewertet, so ergibt sich die optimale Ausbaufolge durch Zurückverfolgen von $z_{\varrho *}^n$ mit

$$K(z_{\varrho *}^n) = \min_{\varrho \in L} K(z_\varrho^n)$$

über die suboptimalen Übergänge $z_{\varrho_1}^{j-1} \to z_{\varrho_2}^{j}$ zu den einzelnen Jahresschritten j = n, n–1, ... 1, wobei $z_{\varrho_2}^n = z_{\varrho *}^n$.

Programm „Optimierung des hydrothermischen Verbundbetriebes"

Zweck des Programmes:

Für ein beliebiges hydrothermisches Kraftwerkssystem, das sich in einer Ausbauvariante ergibt, wird mit einem detaillierten Modell der optimale Einsatz bestimmt.

Dateneingabe:

  Block Kraftwerksdaten:

  Thermisches System

   Wärmeverbrauchskurven

   Brennstoffkosten

Wasserkraftsystem
Systemdefinition
Speicherangaben
Kraftwerksangaben
Zuflußangaben

Block Bedarfsangaben:
Tagesdiagramme.

Aufbau des Programms

Das Programm beruht auf einer Unterteilung des Ablaufs in eine thermische Optimierung zur Bestimmung der optimalen Aufteilung einer geforderten Leistung auf die Einzelblöcke und der darauf aufbauenden Optimierung des Einsatzes und der Speicherbewirtschaftung des Wasserkraftsystems.

Die Programmstruktur weist modulare Programmteile zu den beiden Optimierungen auf. Übergeordnet ist eine gemeinsame Datenbank und eine Ablauforganisation.

Mathematische Darstellung von Modell und Verfahren:

Die Problemstellung lautet:
Die variablen einsatzabhängigen Kosten sollen über den gesamten betrachteten Zeitraum minimiert werden.
Die Elemente des Kraftwerkssystems sind:
thermische Kraftwerke: thermisch konventionelle und Kernkraftwerke
hydraulische Kraftwerke: Lauf-, Schwell-, Speicher-, Pumpspeicherkraftwerke.
Die zu minimierenden Kosten K_{GES} bestehen hauptsächlich aus den Brennstoffkosten der thermischen Kraftwerke.
Sei

NT ... die Anzahl der Zeitabschnitte des betrachteten Zeitraumes
NTH ... Anzahl der thermischen Kraftwerke

$$K_{GES} = \min_{e \in E} \sum_{t-1}^{NT} \sum_{i=1}^{NTH} K_{i,t}^e$$

mit

$K_{i,t}^e$ ... Einsatzkosten des i-ten thermischen Kraftwerks im Zeitabschnitt (t–1,t) bei Einsatzart e

E ... Menge aller Einsatzarten, die den Bedarf decken und die Nebenbedingungen (wie auch Reserve, Sicherheit) einhalten.

Die Brennstoffkosten gliedern sich in Anfahrkosten KA und Erzeugungskosten KB:

$$K_{i,t} = KA_{i,t} + KB_{i,t} \quad ,$$

dabei gilt:

$$KB_{i,t} = f(x_{i,t})$$

$$KA_{i,t} = g(x_{i,t}, x_{i,t-1} \cdots x_{i,t-T})$$

mit

$x_{i,t}$ ... Leistung des i-ten thermischen Kraftwerkes im t-ten Zeitabschnitt

wobei

f, g gegeben sind.

Das heißt also, daß die Erzeugungskosten von der Leistung des Kraftwerkes im selben Zeitabschnitt abhängen, die Anfahrkosten aber von der „Erzeugungsvorgeschichte" des betreffenden Kraftwerkes.

Allgemein und zur Erfassung der Anfahrkosten wurde folgende Konzeption gewählt:

a) Das Kraftwerkssystem wird in ein thermisches und ein Hydro-Subsystem unterteilt.

b) Das thermische Subsystem wird aufgrund der Erzeugungskosten vorweg intern optimiert, d.h. also: eine „statische" Einsatzoptimierung ohne Einbeziehen der Anfahrkosten.

c) Einbeziehen der Anfahrkosten in die mittleren Regelkosten des thermischen Subsystems bei der nachfolgenden Hydro-Optimierung.

d) Einbeziehen der Sicherheit als Bewertungsmöglichkeit der Reserveleistung des Hydro-Systems.

Daraus ergibt sich die Möglichkeit einer vom Hydro-System unabhängigen Optimierung für das thermische System, welches als ein optimierter Block mit dessen Erzeugungskosten in die Hydro-Optimierung eingehen kann.

Die Optimierung des thermischen Subsystems erfolgt mit Dynamic-Programming:

Ausgehend von der Erzeugungskostenkurve eines der thermischen Kraftwerke wird schrittweise durch die Hinzunahme jeweils eines thermischen Kraftwerkes die Erzeugungskostenkurve des gesamten thermischen Systems ermittelt. Dabei wird jeweils über die dazwischenliegenden Subsysteme vorgegangen. Das i-te Subsystem besteht dabei aus genau i thermischen Kraftwerken.

Sei x_i die Leistung des i-ten Kraftwerkes mit

$$x_{MIN_i} \leqslant x_i \leqslant x_{MAX_i} \qquad ,$$

die dazugehörigen Kosten seien $K_i(x_i)$.

Jedem i-ten Subsystem kann genauso eine Kostenkurve für dessen Leistungsbereich zugeordnet werden, welche sich aus der optimalen Kombination des (i–1)-ten Subsystems und dem i-ten Kraftwerk ergeben.

Sei $K_{S_i}(x)$ die Kostenkurve des i-ten Subsystems,

$$K_{S_1}(x) = K_1(x)$$

für Definitionsbereich

$$D_1 = [x_{MIN_1}, x_{MAX_1}] \qquad ,$$

für i = 2, ... , NTH gilt dann

$$K_{S_i}(x) = \min_{x_{S_{i-1}} + x_i = x} (K_{S_{i-1}}(x_{S_{i-1}}) + K_i(x_i))$$

für den entsprechenden Definitionsbereich D_i.

$K_{S_{NTH}}(x)$ ergibt sich dann als Kostenfunktion für das thermische Subsystem.

Die mittleren Regel- und Anfahrkosten pro MW seien K_R.

Optimierung des Hydro-Systems mit dem Gradienten-Projektionsverfahren nach Rosen:

Für die nachfolgende Optimierung des Wasserkraftsystems ergibt sich nun folgendes Kostenkriterium:

$$K_{GES} = \min_{e \in E} \left[\sum_{t=1}^{NT} K_{S_{NTH}}(x_{TH_t}) + \sum_{t=1}^{NT} |x_{TH_{t-1}} - x_{TH_t}|K_R \right]$$

mit x_{TH_t} der Leistung des thermischen Subsystems im Zeitabschnitt $[t-1,t]$.

Durch Bildung einer zur Kostenfunktion des thermischen Systems komplementären Wertfunktion der Leistung des Hydro-Systems und durch Einbeziehen der Reserveleistungsbewertung als dritten Teil der Zielfunktion erhält man nun ein äquivalentes Kriterium mit den Leistungswerten der einzelnen Wasserkraftanlagen als Variablen. Dazu wird wie folgt vorgegangen:

Die Charakterisierung der Modellkomponenten:

Laufkraftwerk: Keine Speichermöglichkeit; kein definierter Zusammenhang mit übrigen Teilen des Systems, d.h. Unabhängigkeit von deren Fahrweise; Zufluß ist gleich dem Durchfluß an der Kraftwerkstelle; Angabe eines Leistungsschlüssels, Angabe eines Zuflusses als Konstante oder Diagramm über die Zeit.

Speicherkraftwerk. Stelle, wo Durchfluß geregelt werden kann (Kraftwerk oder sonstige regelbare Wehranlage), der Durchfluß bewirkt Erzeugung oder Verbrauch (Pumpen) elektrischer Energie, abhängig von der Fallhöhe; Angabe eines Leistungsschlüssels und Einschränkungen bezüglich des Durchflusses; Definition des Zusammenhanges im System: Oberliegerknoten = Speicher, dem das betreffende Kraftwerk zugeordnet ist; Unterliegerknoten = Speicher, an den das Kraftwerk abgibt; Berücksichtigung der Fließzeit zum Unterliegerknoten; Angabe der Unterwasserbeeinflussung durch das Oberwasser im Unterliegerknoten.

Speicherknoten: Hier werden zwei Arten von Knoten unterschieden:

1. Knoten mit vorgegebenem Anfangs- und Endzustand bezüglich Stauvolumen; das sind Speicher, die über den Betrachtungszeitraum bewirtschaftet werden sollen, oder deren Anfangs- und Endvolumen festgehalten werden soll;

2. Knoten mit zyklischer Betriebsweise bezüglich des Betrachtungszeitraumes. Falls dieser z.B. als Tag gewählt wird, können in diese Gruppe Schwellkraftwerke fallen. Bei diesen Knoten wird der Anfangszustand gleich dem Endzustand angenommen, dieser Anfangspunkt der Volumsganglinie kann vom Verfahren optimal bestimmt werden.

Angabe einer Arbeitsbedingung, Zuordnung eines natürlichen Zuflusses; Angabe der Stauraumsinhaltskurve und der Volumseinschränkungen.

Mathematische Darstellung des Modells:

Vorbemerkungen zu den Berechnungen:

X — bedeutet immer einen Leistungsbegriff in MW,

Q — einen Durchfluß in m^3/s,

H — eine relative oder absolute Höhenangabe in m.

t, τ sind Indizes der durchnumerierten Zeitintervalle,

k — Knotenindex,

i, j — Kraftwerks-Indizes.

1. Die verwendeten Größen:

NT	Anzahl der äquidistanten Zeitintervalle	(1.1)
DT	Dauer eines Zeitintervalls (in h oder anderen Zeiteinheiten)	(1.2)
tfakt	Umrechnungsfaktor von m^3/s auf hm^3/DT	(1.3)
NKN	Anzahl der Speicherknoten	(1.4)
NL	Anzahl der Laufkraftwerke	(1.5)
NSP	Anzahl der Speicherkraftwerke	(1.6)
$XSP_{i,t}$	Leistung des Kraftwerkes i im Zeitintervall t	(1.7)
$XL_{i,t}$	Leistung des Laufkraftwerkes i im Zeitintervall t	(1.8)
XH_t	Leistung des Wasserkraftsystems im Zeitintervall t	(1.9)
XTH_t	Leistung des thermischen Gesamtblocks im Zeitintervall t	(1.10)
XB_t	Bedarf im Zeitintervall t	(1.11)
XR_t	Reserveleistung, Zeitintervall t	(1.12)
$XSPMAX_i$	Engpaßleistung des Speicherkraftwerkes i	(1.13)
$QSP_{i,t}$	Durchfluß beim Speicherkraftwerk i, Zeitintervall t	(1.14)
$QZNL_{i,t}$	(natürlicher) Zufluß zu Laufkraftwerk i, Zeitintervall t	(1.15)
$QZNKN_{k,t}$	natürlicher Zufluß zum Speicherknoten k, Zeitintervall t	(1.16)
$QZKN_{k,t}$	Zu- und Abflußbilanz zu Knoten k, Zeitintervall t	(1.17)
$VAKN_k$	Anfangsvolumen zu Knoten k	(1.18)
$VKN_{k,t}$	Volumen zum Knoten k, Zeitintervall t	(1.19)
$DVKN_k$	Abarbeitung aus Knoten k (hm^3)	(1.20)
$HOKN_{k,t}$	Oberwasserhöhe zu Knoten k, Zeitintervall t	(1.21)
$HUSP_{i,t}$	Unterwasserhöhe zu Speicherkraftwerk, Zeitintervall t	(1.22)
tfl_i	Fließzeit vom Speicherkraftwerk i zum Unterliegerknoten in Vielfachen eines DT-Schrittes	(1.23)
$(IC_{k,i})$	Inzidenz-Matrix der Kraftwerke zu den Knoten	(1.24)

Es bedeutet:

$IC_{k,i} = 1$ Kraftwerk i liegt am Knoten k und arbeitet aus dem Knoten ab, oder pumpt in den Knoten k; k ist Oberliegerknoten zum Kraftwerk i.

$IC_{k,i} = -1$ Kraftwerk i gibt an Knoten k ab oder pumpt aus dem Knoten k; k ist Unterliegerknoten zu Kraftwerk i.

$IC_{k,i} = 0$ Kraftwerk i hat keine direkte Verbindung mit Knoten k.

kn_i Oberliegerknoten zu Kraftwerk i   (1.25)

ukn_i Unterliegerknoten zu Kraftwerk i   (1.26)

$XHMIN_t$ untere Schranke der Leistung des Wasserkraftsystems für Zeitintervall t   (1.27)

$XHMAX_t$ obere Schranke der Leistung des Wasserkraftsystems für Zeitintervall t   (1.28)

$XTHMIN_t$ untere Schranke der Leistung des thermischen Subsystems   (1.29)

$XTHMAX_t$ obere Schranke der Leistung des thermischen Subsystems   (1.30)

$QSPMIN_{i,t}$ untere Schranke für Durchfluß des Kraftwerkes i, Zeit t   (1.31)

$QSPMAX_{i,t}$ obere Schranke für Durchfluß des Kraftwerkes i, Zeit t   (1.32)

$VKNMIN_k$ untere Schranke für Volumen des Knoten k   (1.33)

$VKNMAX_k$ obere Schranke für Volumen des Knoten k   (1.34)

2. Mengen:

KNOPT   Menge der Knoten mit zyklischer Betriebsweise   (2.1)

KWR   Menge der Speicherkraftwerke, die zur Bildung der Reserveleistung herangezogen werden sollen   (2.2)

3. Funktionen und Konstante:

$xlfu_i$ Leistungsschlüssel für Laufkraftwerke i   (3.1)

$xspfu_i$ Leistungsschlüssel für Speicherkraftwerke i   (3.2)

$hufu_i$ Unterwasserkurve für Speicherkraftwerke i   (3.3)

$hofu_k$ Staurauminhaltskurve für Knoten k   (3.4)

cth   Kostenfunktion des thermischen Subsystems   (3.5)

w_t Wertfunktion für Zeitintervall t   (3.6)

wr   Bewertungsfunktion der Reserveleistung   (3.7)

cr   Koeffizient zur Berücksichtigung der Regelkosten   (3.8)

w   der dem Einsatz zugeordnete Vergleichswert   (3.9)

4. Die Variablen:

$QSP_{i,t}$ i = 1, ... , NSP, t = 1, ... , NT   (4.1)

$VAKN_k$ $k \in KNOPT$ (4.2)

5. Die Einschränkungen:

$$QSPMIN_{i,t} \leqslant QSP_{i,t} \leqslant QSPMAX_{i,t} \qquad \forall\, i, \forall\, t \qquad (5.1)$$

$$VKNMIN_k \leqslant VAKN_k \leqslant VKNMAX_k \qquad k \in KNOPT \qquad (5.2)$$

$$VKNMIN_k \leqslant VKN_{k,t} \leqslant VKNMAX_k \qquad \forall\, k, \forall\, t \qquad (5.3)$$

$$XHMIN_t \leqslant XH_t \leqslant XHMAX_t \qquad \forall\, t \qquad (5.4)$$

$$XTHMIN_t \leqslant XTH_t \leqslant XTHMAX_t \qquad \forall\, t \qquad (5.5)$$

6. Die Bedingungen:

$$\sum_{t=1}^{NT} QZKN_{k,t} \; tfakt = DVKN_k \qquad \forall\, k \qquad (6.1)$$

7. Die Zusammenhänge:

$$QZKN_{k,t} = \sum_{j=1}^{NSP} (-IC_{k,j}\, QSP_{j,t-tfl_j}) + QZNKN_{k,t} \qquad (7.1)$$

$$VKN_{k,t} = VAKN_k + \sum_{\tau=1}^{t-1} QZKN_{k,\tau} \; tfakt \qquad (7.2)$$

$$HOKN_{k,t} = hofu_k(VKN_{k,t}) \qquad (7.3)$$

$$HUSP_{i,t} = hufu_i(QSP_{i,t}, HOKN_{ukn_i,t}) \qquad (7.4)$$

$$XL_{i,t} = xlfu_i(QZNL_{i,t}) \qquad (7.5)$$

$$XSP_{i,t} = xspfu_i(QSP_{i,t}, HOKN_{kn_i,t}, HUSP_{i,t}) \qquad (7.6)$$

$$XH_t = \sum_{i=1}^{NL} XL_{i,t} + \sum_{i=1}^{NSP} XSP_{i,t} \qquad (7.7)$$

$$XTH_t = XB_t - XH_t \qquad (7.8)$$

$$XR_t = \sum_{i \in KWR} (XSPMAX_i - XSP_{i,t}) \qquad (7.9)$$

8. Die Zielfunktion:

$$w_t(XH_t) = cth(XB_t) - cth(XTH_t) \qquad (8.1)$$

$$w = \sum_{t=1}^{NT} w_t(XH_t) + \sum_{t=1}^{NT} wr(XR_t) - \sum_{t=1}^{NT} cr(XTH_{t-1} - XTH_t)^2 \qquad (8.2)$$

wobei zu suchen ist: max w.

 Es ergibt sich also eine nichtlineare Zielfunktion w in den Variablen $QSP_{i,t}$, welche zu maximieren ist.

 Die Einschränkungen und Bedingungen sind linear mit Ausnahme jener für XH_t, diese sind aber auch nur schwach nichtlinear. Daher hat sich die Anwendung des Gradienten-Projektionsverfahrens von Rosen als zweckmäßig erwiesen, wobei die Nebenbedingungen für die XH_t lokal linearisiert werden.

 Kurze Erläuterung des Gradientenverfahrens von Rosen:
(Bemerkung: Die hier verwendeten mathematischen Symbole haben keinen Zusammenhang mit den vorigen!).

Sei die Zielfunktion $z = f(x) = f(x_1, \ldots, x_n)$ zu maximieren, die notwendigen Stetigkeits- und Differenzierbarkeitseigenschaften von f werden vorausgesetzt; folgende Nebenbedingungen sollen erfüllt sein

$$h_i(x) - b_i = 0 \qquad\qquad i \in I_1 \qquad\qquad (1)$$

und folgende Einschränkungen:

$$h_i(x) - b_i \leqslant 0 \qquad i \in I_2 \qquad \text{mit } I_1 \cap I_2 = \emptyset \qquad . \qquad (2)$$

Ausgehend von einer Anfangslösung $x^{(0)}$, die (1) und (2) genügt, wird in einem nachfolgend beschriebenen iterativen Prozeß eine konvergente Folge von Näherungslösungen $x^{(k)}$ mit $f(x^{(k)}) \leqslant f(x^{(k+1)})$ erstellt. Im Falle der Konvexität von $f(x)$ ist die Konvergenz zum globalen Optimum eindeutig.

Seien nun im k-ten Schritt die Einschränkungen (2) für $i \in I_2^{(k)} \in I_2$ als Gleichung exakt erfüllt, also

$$h_i(x) - b_i = 0 \qquad\qquad i \in I^{(k)} = I_1 \cup I_2^{(k)} \qquad .$$

Seien die $h_i(x)$, $i \in I_1 \cup I_2$ als linear vorausgesetzt: Die $h_i(x)$ aus (1) und (2) stellen dann Ebenen im n-dimensionalen Parameterraum dar, sie seien durch ihre Normalenvektoren a^i gegeben.

Es ist dann:

(1): $\quad \sum\limits_{j=1}^{n} a_j^i x_j - b_i = 0 \qquad\qquad i \in I_1$

und

(2): $\quad \sum\limits_{j=1}^{n} a_j^i x_j - b_i \leqslant 0 \qquad\qquad i \in I_2 \qquad .$

Sei $Q = (q_1, \ldots, q_m)$ eine Basis der Vektoren a^i, $i \in I^{(k)}$, Q ist also eine $n \times m$ Matrix, die q_i spannen einen Unterraum $S \in E^n$ auf.

Der Gradient der Zielfunktionen in $x^{(k)}$ ist:

$$g^{(k)} = \left(\frac{\partial f(x^{(k)})}{\partial x_1^{(k)}}, \ldots, \frac{\partial f(x^{(k)})}{\partial x_n^{(k)}} \right)^T \qquad .$$

Der Gradient läßt sich eindeutig darstellen als Summe eines Vektors $s \in S$ und eines Vektors $p \in O(S) \subset E^n$ dem orthogonalen Unterraum zu S: also

$$g^{(k)} = s^{(k)} + p^{(k)} \qquad ,$$

$p^{(k)}$ ist normal zu den Ebenennormalen für $i \in I^{(k)}$, liegt also in O(S) und wird „die Projektion zu $g^{(k)}$" genannt. Da $s^{(k)} \in S$, läßt sich $s^{(k)}$ als Linearkombination der q_i darstellen, da die q_i eine Basis bilden:

$$s^{(k)} = \sum_{i=1}^{m} \alpha_i \, q_i$$

also:

$$g^{(k)} = Q\alpha + p^{(k)} \quad ,$$

daraus folgt

$$Q^T \, g^{(k)} = Q^T \, Q \, \alpha$$

$$\alpha = (Q^T Q)^{-1} \, Q^T \, g^{(k)}$$

$$Q\alpha = Q(Q^T Q)^{-1} \, Q^T \, g^{(k)}$$

und

$$p^{(k)} = (E - Q(Q^T Q)^{-1} \, Q^T) \, g^{(k)} = P \, g^{(k)} \quad ,$$

P ... Projektionsmatrix

E ... Einheitsmatrix

Bei jedem nun darzustellenden Iterationsschritt k wird der Gradient bei $x^{(k)}$ gebildet und dieser auf den Unterraum der „aktuellen" Einschränkungen, d.h. Unterraum der a^i, $i \in I$ projiziert.

Ist das Optimum erreicht, so läßt sich der Gradient als Linearkombination der Basisvektoren der a^i, $i \in I^{(k)}$ darstellen:

$$p = 0 \quad \text{und} \quad g = p + s \quad \text{und} \quad s = \Sigma \, \alpha_i \, q_i$$

folgt also

$$g = \Sigma \, \alpha_i \, q_i \quad ,$$

wobei die α_i, welche zu einem q_i aus dem Unterraum der a_i, $i \in I_2^{(k)}$ gehören, positiv sind.

Wird während der Iteration ein α_i, $i \in I_2^{(k)}$ negativ, so kann die entsprechende Randebene verlassen werden, also die dem q_i entsprechende Spalte aus der Matrix Q entfernt werden. Durch Reduktion des Gleichungssystems für die α_i kann eine neue Projektion ermittelt werden mit $\alpha_i \geqslant 0$. Bei mehreren negativen α_i kann dieser Vorgang so lange wiederholt werden, bis alle α_i, $i \in I_2^{(k)}$ nichtnegativ sind.

Als neue Näherungslösung wird ein $x^{(k+1)}$ mit

$$x^{(k+1)} = x^{(k)} + \lambda \, p^{(k)}$$

gesucht. Die Schrittweite λ ist so zu wählen, daß keine neuerlichen Einschränkungen verletzt werden und der Funktionswert längs $p^{(k)}$ maximal ist, also ein $\lambda_{opt} \leqslant \lambda_{max}$ mit

$$f(x^{(k)} + \lambda\, p^{(k)}) \leqslant f(x^{(k)} + \lambda_{opt}\, p^{(k)}) \qquad \forall\, \lambda \qquad \text{mit} \qquad 0 \leqslant \lambda \leqslant \lambda_{max}$$

Ist $\lambda_{opt} = \lambda_{max}$ so werden weitere Einschränkungen $i \in I_2 - I_2^{(k)}$ angestoßen. Die entsprechenden q_i müssen daher in Q aufgenommen und das neue Gleichungssystem für die α_i erstellt werden.

Die Projektionsmatrix muß nicht in jedem Schritt neu berechnet werden, sondern sie läßt sich in jedem Fall von der vorhergehenden ableiten.

Zusammenfassung

Es wurden zwei Optimierungsprogramme beschrieben, die in der österreichischen Elektrizitätswirtschafts AG zur Kraftwerksausbauplanung geschaffen wurden. Ein Programm bestimmt die optimale Ausbaufolge, das zweite Programm ist eine Einsatzoptimierung des hydrothermischen Verbundbetriebes künftiger Ausbauzustände (siehe Abb. 2).

Beide Programme sind im Zusammenhang anzuwenden. Dies bedeutet, daß das Simulationsmodell und die Ergebnisse der Einsatzkostenberechnung im Ausbaufolge-Optimierungsprogramm durch die Einsatzoptimierung kontrolliert und korrigiert werden können. Durch diesen Aufbau und eine entsprechende Programmorganisation konnte die Rechenzeit in tragbaren Grenzen gehalten werden.

Abb. 2   **PROGRAMM: „HYDROTHERMISCHE EINSATZOPTIMIERUNG"**

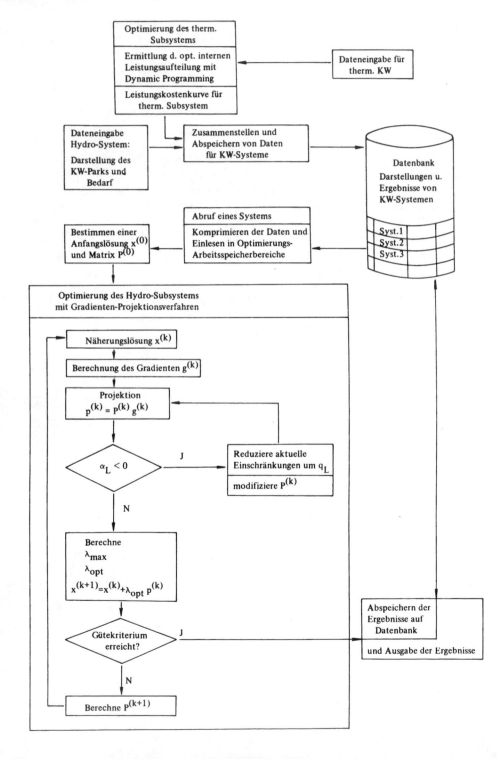

V. FACHLITERATURVERZEICHNIS

Das in den nachfolgenden Seiten angeführte Fachliteraturverzeichnis umfaßt in der Hauptsache Artikel aus Fachzeitschriften und Symposiumsberichte. Fachbücher zum Gegenstand Planungsmethodik in der Energiewirtschaft sind nur spärlich vorhanden. Die meisten aufgenommenen Bücher stammen aus den Fachbereichen Systeme, Statistik und Optimierung und sind eher allgemeiner Art. In einigen der angeführten Veröffentlichungen sind umfangreiche, weiterführende Fachliteraturverzeichnisse enthalten.

Trotz des gar nicht so geringen Umfanges des Fachliteraturverzeichnisses konnte nur ein bescheidener Anteil der vorhandenen Fachliteratur aufgenommen werden. Dies ist durch Raum- und Zeitgründe zu erklären. Wenn auch eine Reihe bedeutsamer Publikationen fehlen mögen, so soll das Fachliteraturverzeichnis widerspiegeln, daß für die Planungsmethodik in der Energiewirtschaft relativ einfache und mathematisch anspruchsvolle Verfahren nebeneinander ihre Bedeutung haben. Außerdem soll es auch die weite Spanne von Fachbereichen aufzeigen, welche durch die formale Energiewirtschaft verknüpft werden:

Technik, Wirtschaft, Systeme, Mathematik, Computerwissenschaft.

Das Fachliteraturverzeichnis endet im wesentlichen mit dem Jahr 1974. Die aufgenommenen Publikationen sind nach dem Jahr der Erscheinung und nachrangig alphabetisch nach dem Namen des Verfassers oder der herausgebenden Institution geordnet. Die ursprünglich geplante Ordnung nach einem detaillierten Fachwortindex konnte wegen des Problems der Mehrfachklassifizierung nicht aufrechterhalten werden.

Für die Bezeichnung der Fachzeitschriften wurden die als bekannt vorausgesetzten Abkürzungen verwendet. Für Symposien, die von der ECE (European Economic Commission), einer Unterorganisation der UNO, veranstaltet wurden, erschienen Berichte, die mit Abkürzungen versehen sind, die nachstehend erläutert werden:

MAD/EP/SEM.1/R.17
Symposium des Electric Power Committee in Madrid 1973, Report 17

ALMA ATA/ENERGY/SEM.1/R.26
Symposium der Energy Division in Alma Ata (USSR) 1973, Report 26

ATH/SYMP/EP/A.10
Symposium des Electric Power Committee in Athen 1972, Report A.10

STO/SYMP/EP/A.7
Symposium des Electric Power Committee in Stockholm 1972, Report A.7

VAR/SYMP/EP/B.6
Symposium des Electric Power Committee in Varna (Bulgarien) 1970, Report B.6

Tintner G.
Planungsmodelle fuer die
Energiewirtschaft Oesterreichs
Institut fuer Oekonometrie der
Technischen Hochschule Wien 1975

Bapeswara R. V. V., Chaudrasekaran A.,
Jyothirao P. A. D.
Evaluation of Hybridmatrix H of a Power
System Network by Topological Methods
ETZ-A Bd. 95 Heft 9 1974

Belyaev L. S.
Einige Formulierungen und Verfahren zur
Loesung von
Dynamic-Programming-Problemen unter
Unsicherheitsbedingungen (russisch)
VI. IFIP-Conference on Optimization
Techniques Novosibirsk 1974

Bers K., Schellenberg K.
Gasturbinenanlagen im Inselnetz
West-Berlin
Elektrizitaetswirtschaft Jg. 73 Heft 6
1974

Bleile G.
Steuerung des zukuenftigen Strombedarfs
Bull.SEV/VSE Jg. 65 Heft 13 1974

Brachmann H.
Die Ermittlung der Kostenfunktion eines
Waermekraftwerkes
Elektrizitaetswirtschaft Jg. 73 Heft 1
1974

Charpentier J. P.
A Review of Energy Models No. 1
IIASA Research Report (RR-74-10) 1974

Cogliatti K., Goldsmith K.
Electric load control for effective
utilisation of energy resources
World Energy Conference Detroit 1974

Comite de l'energie du Comite National
Suisse de la Conference Mondiale de
l'Energie
Les besoins futurs en energie: un defi
Bull.SEV/VSE Jg. 65 Heft 23 1974

Draxler A.
Methoden und Anwendung der
Zufluszprognose bei den
Oesterreichischen Draukraftwerken
Kurzreferat beim VEOe im Arbeitskreis
Prognose 1974

Druey W.
Zuverlaessigkeit von elektronischen
Bauelementen und Systemen
Bull.SEV/VSE Jg. 65 Heft 13 1974

Economic Commission for Europe
Report on the Work of the Symposium on
Mathematical Models of Sectors of the
Energy Economy, Alma Ata (USSR) 1973
ENERGY/SEM.1/1 1974

Edelmann H., Theilsiefje K.
Optimaler Verbundbetrieb in der
elektrischen Energieversorgung
Springer-Verlag Berlin Heidelberg New
York 1974

Edwin K.
Zuverlaessigkeitsforschung in der
elektrischen Energietechnik
Elektrizitaetswirtschaft Jg. 73 Heft 9
1974

Eidgenoessisches Amt fuer
Energiewirtschaft, Bern
Erzeugung und Verbrauch elektrischer
Energie in der Schweiz im
hydrographischen Jahr 1973
Bull.SEV/VSE Jg. 65 Heft 8 1974

Eidgenoessisches Amt fuer
Wasserwirtschaft, Bern
Hydrographisches Jahrbuch der Schweiz
OeZE Jg. 27 Heft 6 1974

Farber E. A.
Grundsaetzliche Probleme der Umwandlung
und Verwendung von Solarenergie
ETZ-A Bd. 95 Heft 12 1974

Feszl K., Kalliauer A., Schiller G.
Die Anwendung der Optimierungsverfahren
zur Kraftwerksausbauplanung
OeZE Jg. 27 Heft 10 1974

Fischer H., Pichler J.
Modellsysteme der Operationsforschung
Wissenschaftliche Taschenbuecher Bd. 145
Akademie-Verlag Berlin 1974

Fremont F.
Energy Independence: Goal for the '80s
Electrical World March 1974

Frohnholzer J.
Ein zeitgemaeszer Blick auf die
Wasserkraft
Elektrizitaetswirtschaft Jg. 73 Heft 6
1974

Fuchs Th.
Gibt es Entscheidungsunterstuetzung?
Der Ingenieur 1974

Fuchs Th.
Mehrstufige Entscheidungen
Der Ingenieur 1974

Gabel J.
Nutzung unkonventioneller Energiequellen
etz-b Bd. 26 Heft 10 1974

Goldsmith K.
The exchange of electrical energy in
Western Europe
Elektrowatt Zuerich 1974

Haefele W., Manne S. A.
Strategies for a transition from fossil
to nuclear fuels
IIASA Research Report (RR-74-7) 1974

Hartmann U.
Ein Computermodell zur Simulation von
Trendprognosen
Bull.SEV/VSE Jg. 65 Heft 9 1974

Hatfield J. P., Davies C. H.
The Energy Balance Method - Latest
Developments
Central Electricity Generating Board
Planning Department System Planning
Branch 1974

Hauff V.
Energiepolitik und Umweltschutz
Technische Rundschau Jg. 66 Nr. 30 1974

Hendrich Ch.
Betriebsrisiko elektrischer Netze
ETZ-A Bd. 95 Heft 4 1974

Herbst H.-Ch.
Das geplante
290-MW-Luftspeicher-Gasturbinenkraftwerk
der Nordwestdeutsche Kraftwerke AG
Energiewirtschaftliche Tagesfragen Jg.
24 Heft 6 1974

Heuck K.
Rechnergestuetzte Lastverteilung bei
thermischer Energieerzeugung
Elektrizitaetswirtschaft Jg. 73 Heft 10
1974

IIASA, Laxenburg
Proceedings of IIASA Working Seminar on
Energy Modelling
IIASA Conference Proceedings (CP-74-3)
1974

Jansen P.
Energieprobleme und Zukunftsvisionen
Technische Rundschau Jg. 66 Nr. 20 1974

Jentsch W.
Mathematisches Modell eines
elektromagnetischen Netzwerks unter
Verwendung von Baummatrizen
ETZ-A Bd. 95 Heft 8 1974

Jentsch W.
Zur Aufstellung des mathematischen
Modells eines dynamischen elektrischen
Netzwerks ueber den normalen Baum
ETZ-A Bd. 95 Heft 2 1974

Klaus G., Liebscher H.
Systeme - Informationen - Strategien
VEB Verlag Technik Berlin 1974

Knechtel E.
Datenbanken als Informationsinstrument
der Wirtschaft
Bauwirtschaft Heft 20 1974

Kranebitter K.
Energie - gestern, heute, morgen
E und M Jg. 91 Heft 9 1974

Krettek O.
Prognosemethoden und ihre Anwendung bei
EVU
OeZE Jg. 27 Heft 7 1974

Kroms A.
Kernkraftwerke in den USA, ihr Ausbau
und Aussichten
etz-b Bd. 26 Heft 4 1974

Leemann R.
Methodische Aspekte in der
Tarifgestaltung
Bull.SEV/VSE Jg. 65 Heft 9 1974

Lienhard H.
Wieweit eignen sich Methoden des
Operations Research zur Fuehrung eines
groszen Elektrizitaetswerks
Bull.SEV/VSE Jg. 65 Heft 9 1974

Lindley D. V.
Einfuehrung in die Entscheidungstheorie
Herder & Herder Frankfurt New York 1974

Link E.
Gasturbinen-Luftspeicher-Kraftwerk
etz-b Bd. 26 Heft 2 1974

Lottes G.
Pumpspeicherwerke im Jahr 1980
Elektrizitaetswirtschaft Jg. 73 Heft 15
1974

Meier R. E.
Investitionsplanung im
Industrieunternehmen
Technische Rundschau Jg. 66 Nr. 14 1974

Mertens H.
Datenbankorganisation
Verlagsgesellschaft Rudolf Mueller
Koeln-Braunsfeld 1974

Mock A.
Unternehmensplanung aus der Sicht der
Praxis
Maschinenwelt Jg. 29 Heft 1 1974

Mueller E.
Das Ausfallrisiko von Lastpunkten in
vermaschten Netzen
ETZ-A Bd. 95 Heft 9 1974

Musil K.
Das Prognosemodell
Oesterreichisches Institut fuer
Wirtschaftsforschung 1974

Musil L.
Die Bedeutung der
Elektrizitaetsversorgung fuer die
Primaerenergieversorgung
OeZE Jg. 27 Heft 11 1974

Otte M.
Mathematiker ueber die Mathematik
Beitrag Boege W.: Gedanken ueber die
angewandte Mathematik
Springer-Verlag Berlin Heidelberg New
York 1974

Pestel R., Heck H.-D.
Das neue Weltmodell
Zweiter Bericht des Club of Rome zur
Lage der Menschheit
Bild der Wissenschaft Jg. 11 Heft 9 1974

Pfanzagl J.
Allgemeine Methodenlehre der Statistik
Bd. II
Sammlung Goeschen Bd. 7047
Walter de Gruyter Berlin 1974

Pober F.
Das Investitionsmodell 85 der
Electricite de France
OeZE Jg. 27 Heft 1, 2 1974

Rode Ch.
Eine Prognose ueber die Entwicklung des
Stromverbrauchs und der Stromerzeugung
in der Bundesrepublik Deutschland bis
zum Jahre 1985
Elektrizitaetswirtschaft Jg. 73 Heft 19
1974

Ruesberg K.-H.
Das Planen der Planung
Glueckauf 110 1974

Schmetterer L.
Introduction to Mathematical Statistics
Grundlehren der mathematischen
Wissenschaften in Einzeldarstellung Bd.
202
Springer-Verlag Berlin Heidelberg New
York 1974

Schmidt E.
Ein Energiekonzept kuenftiger Jahre
Technische Rundschau Jg. 66 Nr. 36 1974

Schwaiger F.
Die automatische Steuerung einer
Fluszkraftwerkkette im Lauf- und
Schwellbetrieb
Elektrizitaetswirtschaft Jg. 73 Heft 6
1974

Speiser A. P.
Wirtschaftswachstum und Umwelt
Bull.SEV/VSE Jg. 65 Heft 8 1974

Sprenger W.
Berechnung der
Versorgungswahrscheinlichkeit in
komplexen Systemen der Energieversorgung
Dissertation RWTH Aachen 1974
ETZ-A Bd. 95 Heft 11 1974

Tanner K.
Oelkrise und Erdoelvorraete
Technische Rundschau Jg. 66 Nr. 3 1974

Tennessee Valley Authority
Computer Applications to Achieve Optimum
Economic Loading of Generating Plants
IIASA Conference on the TVA experience
Baden 1974

Tennessee Valley Authority
Development of a Comprehensive TVA Water
Resource Management Program
IIASA Conference on the TVA experience
Baden 1974

Tennessee Valley Authority
Short- and Long-term Forecasting Models
IIASA Conference on the TVA experience
Baden 1974

Tennessee Valley Authority
The Transmission System Planning Model
IIASA Conference on the TVA experience
Baden 1974

Tennessee Valley Authority
The TVA Power System Today
IIASA Conference on the TVA experience
Baden 1974

Valvis O. Z., Mathiodis M. Th.
A New Approach to Hydro-electric Energy
Studies
Water Power August 1974

Vereinigte Industrielle Kraftwirtschaft
Essen
Statistik der Energiewirtschaft
Ausgabe 1974

Vischer D., Spereafico M.
Optimale Bewirtschaftung von
Speicherseen
Wasser- und Energiewirtschaft Jg. 66 Nr.
3 1974

Vosz A.
Ungenutzte umweltfreundliche
Energiequellen
Elektrizitaetswirtschaft Jg. 73 Heft 2
1974

Wagner H.
Hydrothermischer Verbundbetrieb
ERHYTER Siemens-Ausbauplanung
Siemens Erlangen 1974

Weber K.
OR-Modelle fuer
Elektrizitaetsversorgungsunternehmen
Bull.SEV/VSE Jg. 65 Heft 9 1974

Weber K., Lienhard H., Steiger F.
Planspiel Elektrizitaetswirtschaft
UTB 374
Uni-Taschenbuecher Stuttgart 1974.

Weinberger F., Larcher J., Spitzl J.,
Sekirnjak E.
Optimierungsprobleme bei der
Erdgasdisposition
Gas/Wasser/Waerme Bd. XXVIII/5 1974

Wiesner H.
Ein Programm fuer variable
energiewirtschaftliche Auswertungen
OeZE Jg. 27 Heft 3 1974

Wohinz J. W.
Zum wissenschaftlichen Standort der
Energiewirtschaftslehre
OeZE Jg. 27 Heft 6 1974

Xirokostas D. A.
Economic Evaluation and Determination of
Plant Capacity and Dam Height
Water Power January 1974

Zangger C., Helbling W., Leimer H. J.
Perspectives techniques et economiques
du chauffage a distance en Suisse,
compte tenu de l'energie nucleaire
Bull. SEV/VSE Jg. 65 Heft 23 1974

Alcada F., Sergio R., Borralho E.,
Taboas V., Grosso C., Garcia L.
A Forecasting Model of Energy Demand for
the Portuguese Economy
Secretaria de Estado da Industria
Direccao-Geral Dos Combustiveis 1973

Alcada F., Sergio R., Borralho E.,
Garcia L., Taboas V., Grosso C.
(Portugal)
Sectoral model of energy final demand in
Portugal
ALMA ATA/ENERGY/SEM.1/R.26 1973

Alparslan Y., Ceyhan A. (Turkey)
The transient stability and the
frequency deviation studies on the
integration of a nuclear power plant
into Turkey's electric system in 1984
MAD/EP/SEM.1/R.13 1973

Anderson K. P. (United States of
America)
Estimation of residential energy use
ALMA ATA/ENERGY/SEM.1/R.12 1973

Arsenev Y. D., Bereza Y. S., Zakharin A.
G., Kaplun S. M., Popyrin L. S., Ryzhkin
V. Y., Khrilev L. S., Chakhovsky V. M.
(USSR)
Econometric models and methods for
optimizing power generating plant
ALMA ATA/ENERGY/SEM.1/R.41 1973

Aschemoneit F.
Zeit- und Speicherbedarf der exakten
on-line Lastfluszrechnung
ETZ-A Bd. 94 Heft 8 1973

Aznar J., Tora J. (Spain)
The need for a joint study on the
planning of power stations and
Interconnections in Europe
MAD/EP/SEM.1/R.17 1973

Balla K., Kraus H.
Allgemeingueltige Programme fuer die
Simulation und Optimierung dynamischer
Systeme
Energietechnik Jg. 23 Heft 9 1973

Baumgartner K.
Ueber das Kostenverhalten von
Wasserkraftwerken, insbesondere der
Ennskraftwerke
OeZE Jg. 26 Heft 7 1973

Belostotsky A. M., Bobolovich V. N.,
Brailov V. P., Zakharin A. G., Koryakin
Y. I., Levental G. B., Chernavsky S. Y.
(USSR)
Mathematical simulation of a developing
nuclear power industry
ALMA ATA/ENERGY/SEM.1/R.42 1973

Belyaev L. S., Beschinsky A. A.,
Zeiliger A. N., Makarovich A. S.,
Khabachev L. D., Khainson Y. I. (USSR)
Principles for the construction of a
system of econometric models for
optimizing the development of electric
power systems
ALMA ATA/ENERGY/SEM.1/R.40 1973

Berglund T., Edblad P.-G., Moden L.
(Sweden)
Choice of type of peak and semipeak
power production in Sweden
MAD/EP/SEM.1/R.9 1973

Bernstein H., Gerisch G., Hedrich P.,
Loeblich K., Schicke H.
Anwendung moderner Methoden der
Operationsforschung in der
Energiewirtschaft zur Bilanzierung,
langfristigen Planung und Prognose
Energietechnik Jg. 23 Heft 9 1973

Bertini A., Vergelli L. (Italy)
An assessment of the required spinning
reserve for a generating system
including fossil and nuclear fueled
plants
MAD/EP/SEM.1/R.14 1973

Blain D. (France)
Models for financing energy - FINER
ALMA ATA/ENERGY/SEM.1/R.16 1973

Boley T. A. (United Kingdom)
Electricity demand - Econometric models
and changing coefficients
ALMA ATA/ENERGY/SEM.1/R.33 1973

Boselli F. (Italy)
Discussion on the use of a version of
the Cobb-Douglas production function for
forecasting final consumption of energy
ALMA ATA/ENERGY/SEM.1/R.23 1973

Brookes L. G. (United Kingdom)
A model of the relationship between
energy consumption and economic growth
ALMA ATA/ENERGY/SEM.1/R.30 1973

Buch A.
Planung und Standortwahl von Kraftwerken
Krausskopf-Verlag 1973

Buharalilar M., Yayalar O. (Turkey)
A simulation model for Turkish electric
power system
AIMA ATA/ENERGY/SEM.1/R.39 1973

(Bulgaria)
The use of econometric models for
solving energy economy problems in
Bulgaria
AIMA ATA/ENERGY/SEM.1/R.57 1973

(Bulgaria)
Use of international factors in the
development of mathematical models in
energy economy sectors in the People's
Republic of Bulgaria
AIMA ATA/ENERGY/SEM.1/R.59 1973

Busalev I. V., Reznikovsky A. S.,
Rubinshtein M.I. (USSR)
Simulation, hierarchical principles and
aggregation of input data in managing
the operation of hydro-electric power
stations in power and water economy
systems
AIMA ATA/ENERGY/SEM.1/R.44 1973

Cabinar B. (Czechoslovakia)
Forecasting methods of input data for
power economy models
AIMA ATA/ENERGY/SEM.1/R.37 1973

Cassapoglou C. B., Stelakatos C. C.
(Greece)
Long-term planning for an electric
energy generation system
MAD/EP/SEM.1/R.18 1973

Charpentier J. P.
World Energy Consumption
IIASA Research Memorandum (RM-73-6) 1973

Chase D. B., Iljas J., Roberts T. J.,
Skjoeldebrand R. (International Atomic
Energy Agency)
Experience of nuclear power station
availability and reliability
MAD/EP/SEM.1/R.1 1973

Chokin S. C., Khasenov Z. K., Kulenov
N. S., Bessonova I. N.
Economic models for forecasting energy
consumption
AIMA ATA/ENERGY/SEM.1/R.43 1973

Craig P. P. (United States of America)
A survey of the energy systems research
supported by the National Science
Foundation
AIMA ATA/ENERGY/SEM.1/R.7 1973

Craig P. P.
Total Energy Projections
Winter Meeting of the IEEE Power
Engineering Society New York City 1973

Cuenod M.
Der Einflusz der Pumpspeicherwerke auf
die Verbesserung der Wirtschaftlichkeit,
des Wirkungsgrades und der
Zuverlaessigkeit von Verbundnetzen
Bull.SEV Jg. 64 Heft 3 1973

De Bauw R., Van Scheepen F. (Commission
of the European communities)
Problems arising in the design and use
of an integrated model for the supply of
energy to the European Community
AIMA ATA/ENERGY/SEM.1/R.52 1973

Delis C. (Greece)
Models for short-term forecasting of
electricity demand
AIMA ATA/ENERGY/SEM.1/R.19 1973

Doerfler W., Muehlbacher J.
Graphentheorie fuer Informatiker
Sammlung Goeschen Bd. 6016
Verlag Walter de Gruyter Berlin New York
1973

Dominguez-Adame J. (Spain)
Repercussions of the installation of
nuclear power stations within the supply
of Compania Sevillana de Electricidad
MAD/EP/SEM.1/R.16 1973

Dourille (France)
The CEREN models
AIMA ATA/ENERGY/SEM.1/R.15 1973

Dourille, Cojan, Ploton, Puiseux,
Richeux (France)
The basic information input into energy
models
AIMA ATA/ENERGY/SEM.1/R.14 1973

Draxler A.
Die Zufluszprognose als Hilfsmittel zur
Optimierung des Kraftwerksbetriebs
OeZE Jg. 26 Heft 3 1973

Edelmann H., Theilsiefje K., Wagner H.
Vierte Power Systems Computation
Conference (PSCC) Teil 1
ETZ-A Bd. 94 Heft 4 1973

Edelmann H., Theilsiefje K., Wagner H
Vierte Power Systems Computation
Conference (PSCC) Teil 2
ETZ-A Bd. 94 Heft 5 1973

Electricite de France (France)
The system of economic models at
Electricite de France
AIMA ATA/ENERGY/SEM.1/R.18 1973

Edwin K.
Zuverlaessigkeitskenngroeszen der
elektrischen Energietechnik
ETZ-A Bd. 94 Heft 10 1973

Energy Research Unit, Queen Mary
College, London
World energy modelling
Energy Policy Oct. 1973

Erdoesi P., Foeldvary G., Fueredi T.,
Ligeti P. (Hungary)
Dynamic model for optimized long-term
energy supply
AIMA ATA/ENERGY/SEM.1/R.22 1973

Erickson E. W. (United States of America)
Demand estimation in the energy sector
AIMA ATA/ENERGY/SEM.1/R.9 1973

Ershevich V. V., Kretinina Y. S., Nekrasov A. S., Chernin M. A., Sharygin V. S., Shteinberg E. A. (USSR)
Econometric models for the solution of the various problems of energy system development
AIMA ATA/ENERGY/SEM.1/R.50 1973

Fahlbusch F., Rohde F. G., Muir T. C.
Hydrological Reservoir Design Using Basic Systems Theory Techniques
Water Power January 1973

Fradet A., L'Hermitte E. (France)
Effect of the introduction of nuclear power plants on the establishment of the spinning reserve
MAD/EP/SEM.1/R.5 1973

Frankowski W., Podpora J., Jurkowski M., Kazimierski T. (Poland)
Mathematical methods and computer programmes as applied to nuclear power planning in Poland
AIMA ATA/ENERGY/SEM.1/R.61 1973

Frey H., Reichert K.
Anwendung moderner Zuverlaessigkeits-Analysenmethoden in der elektrischen Energieversorgung
ETZ-A Bd. 94 Heft 5 1973

Gerschengorn
Entwicklungsaussichten fuer Hochspannungsnetze in den skandinavischen Laendern
Archiv fuer Elektrizitaetswirtschaft Jg. 27 Heft 3 1973

Goicolea J. (Spain)
Availability in nuclear power stations
MAD/EP/SEM.1/R.4 1973

Goldsmith K., Luder H. A. (Switzerland)
The management of water reserves for ensuring adequate coverage of the power demand in a supply system containing nuclear and hydro plant
MAD/EP/SEM.1/R.8 1973

Gorushkin V. I., Zakharin A. G., Rubin M. A. (USSR)
Mathematical simulation of the energy sector in the USSR
AIMA ATA/ENERGY/SEM.1/R.45 1973

Harhammer P. G.
Elektronische Datenverarbeitung in der Elektrizitaetswirtschaft
E und M Jg. 90 Heft 8 1973

Harhammer P. G.
Mathematische Planungsrechnung in der Elektrizitaetswirtschaft
OeZE Jg. 26 Heft 11 1973

Hartmann O. (Switzerland)
Peaking or energy storage plants as complements to nuclear power
MAD/EP/SEM.1/R.6 1973

Hartmann U.
Abschaetzung des zukuenftigen Elektrizitaetsbedarfs der Schweiz aufgrund von simulierten Trendprognosen bis 1985
Elektrizitaetsverwertung Jg. 48 Nr. 11 1973

Haschka H. (IBM Oesterreich)
Zwei Verfahren fuer die Optimierung eines Systems abhaengiger Speicherkraftwerke
OePZ Seminar EDV in der Elektrizitaetswirtschaft 1973

Hedrich P. (German Democratic Republic)
Algorithms for linking energy economy sectors
AIMA ATA/ENERGY/SEM.1/R.60 1973

Herrero J., Antonanzas J. L. (Spain)
Integration of nuclear power plants into electric systems with reservoirs
MAD/EP/SEM.1/R.7 1973

Heuck K.
Methoden zur Verkuerzung der Rechenzeit bei energietechnischen Optimierungsproblemen
ETZ-A Bd. 94 Heft 12 1973

Himmelblau D. M.
Decomposition of Large Scale Problems
North-Holland Publishing Company Amsterdam London, American Elsevier Publishing Company New York 1973

Hohl R.
Fernbeheizte Schweiz? Energieverwertung und Gesamtenergieversorgung
Technische Rundschau Jg. 65 Nr. 49, 53 1973

Hollan K.
Kosten und Aufgliederung der Preise
OeZE Jg. 26 Heft 7 1973

Holliger H.
Morphologie
Technische Rundschau Jg. 65 Nr. 52 1973

Houpin B.
Behaviour of French nuclear power stations during disturbances affecting the network
MAD/EP/SEM.1/R.3 1973

Hutber F. W. (United Kingdom)
Review of work on the UK national energy models
AIMA ATA/ENERGY/SEM.1/R.28 1973

Iawien, Hajdasinski (Poland)
Method for the optimization of the
programme of development of coal mining
AIMA ATA/ENERGY/SEM.1/R.25 1973

Iliffe C. E. (United Kingdom)
A computer simulation of a nuclear
generating system
AIMA ATA/ENERGY/SEM.1/R.35 1973

Jenkin F. P. (United Kingdom)
CEGB Electricity supply models
AIMA ATA/ENERGY/SEM.1/R.34 1973

Jenkin F. P. (United Kingdom)
Energy forecasting - The problem of
choice of forecast
AIMA ATA/ENERGY/SEM.1/R.31 1973

Johansson T., Edberg O. (Sweden)
The influence of nuclear power on the
dimensioning of the Swedish Transmission
System
MAD/EP/SEM.1/R.20

Kariger J. (Spain)
The integration of nuclear units in the
system of Hidro-electrica Espanola in
the next ten years
MAD/EP/SEM.1/R.10

Keller (France)
Research into the optimum location of
refineries in the medium-term
AIMA ATA/ENERGY/SEM.1/R.17 1973

Kerkoszeck F.
Pumpspeichermoeglichkeiten in der
Schweiz
OeZE Jg. 26 Heft 7 1973

Klimenko G. A., Polyakov V. B.
(Ukrainian SSR)
Long-term forecasting of
electric-consumption in the unified
energy system of the Ukrainian SSR
AIMA ATA/ENERGY/SEM.1/R.55 1973

Kneschaurek F.
Energie, Elektrizitaet und Umwelt
Bull.SEV Jg. 64 Heft 14 1973

Kreyszig E.
Statistische Methoden und ihre
Anwendungen
Vandenhoeck & Ruprecht Goettingen 1973

Krivine G., Lagarde J.-F.
Entwicklung der konventionellen und
nuklearen Kraftwerksleistung der
Electricite de France
Elektrizitaetswirtschaft Jg. 72 Heft 15
1973

Kroms A.
Zukunftswege der Energietechnik
Tendenzen und Grenzen der
Energieversorgung
Technische Rundschau Jg. 65 Nr. 49 1973

Langen J. C.
Stromerzeugung durch Muellverbrennung
etz-b Bd. 25 Heft 20 1973

Liebrucks M. (Federal Republic of
Germany)
Econometric model for estimating primary
energy demands with a dynamically
operating optimizing model for the
electricity economy (basic load sector)
AIMA ATA/ENERGY/SEM.1/R.27 1973

MacAvoy P. W., Pindyck R. S. (United
States of America)
An econometric model of natural gas
AIMA ATA/ENERGY/SEM.1/R.11 1973

Makarov A. A., Melentev L. A. (USSR)
Basic principles of the energy economy
development-optimization theory
AIMA ATA/ENERGY/SEM.1/R.56 1973

Mandel H.
Wird unsere Erde knapp
Elektrizitaetswirtschaft Jg. 72 Heft 10
1973

Marval M., Vilda V. (Czechoslovakia)
Mathematical models for designing the
development of the energy economy and
the electric power system in the
Czechoslovak Socialist Republic
AIMA ATA/ENERGY/SEM.1/R.53 1973

Mayer J.
Die Zuverlaessigkeit von Systemen
Technische Rundschau Jg. 65 Nr. 31 m. F.
1973

Meadows D., Meadows D., Zahn E., Milling
P.
Die Grenzen des Wachstums
RoRoRo Bd. 6825
Rowohlt Taschenbuch Verlag Reinbek bei
Hamburg 1973

Mekibel A. I., Nekrasov A. S.,
Polyanskaya T. M., Razkov V. A., Sinyak
Y. V. (USSR)
Problems of fuel supply regulation in
planning energy sectors
AIMA ATA/ENERGY/SEM.1/R.49 1973

Mekibel A. I., Polyanskaya T. M. (USSR)
Construction and practical application
of models of certain energy sectors
AIMA ATA/ENERGY/SEM.1/R.48 1973

Mertens P.
Prognoserechnung
Physica-Verlag Wuerzburg Wien 1973

Mijulski J., Wichowski W. (Poland)
Methodology of forecasting fuel and
energy demand with special reference to
the two-dimensional method and the
method of statistical weights
AIMA ATA/ENERGY/SEM.1/R.24 1973

Millat J. F., Nicolas M. (France)
Management of a system comprising both
conventional and nuclear power stations
MAD/EP/SEM.1/R.19 1973

Moditz H.
Die vorausichtliche Entwicklung des
Stromverbrauches der oesterreichischen
Haushalte bis zum Jahre 2000 und ihre
elektrizitaetswirtschaftlichen Aspekte
OeZE Jg. 26 Heft 11 1973

Mota Redol A. (Portugal)
Outage of thermal plants and its effects
on long-term programming of the
Portuguese Electricity System
MAD/EP/SEM.1/R.21 1973

Mueller H. C.
Netzplanung in staedtischen
Ballungsgebieten
etz-b Bd. 25 Heft 20 1973

Mueller H. G.
Erarbeitung und Anwendung von Verfahren
zur optimalen Planung und Betriebsweise
elektrischer Systeme
Energietechnik Jg. 23 Heft 9 1973

Neumann G.
Optimierung des Ausbaus von
Energieversorgungsunternehmen
Kraftwerkstechnik Jg. 53 Heft 7 1973

Oatman E. N., Hamant L. J.
A Dynamic Approach to Generation
Expansion Planning
IEEE Transactions on Power Apparatus and
Systems, vol. PAS-92 no. 6 1973

Oplatka G.
Paritaetsfaktoren fuer
Wirtschaftlichkeitsvergleiche im
Kraftwerksbau
Brown Boveri Mitteilungen Bd. 60 Heft
7/8 1973

Optner St. L.
Systems Analysis
Penguin Modern Management Readings
Penguin Books Harmondsworth, Middlesex
1973

Patyi K., Erdoesi P. (Hungary)
Energy sector model for analysing
economic development alternatives
ALMA ATA/ENERGY/SEM.1/R.21 1973

Petkov L., Kamenov M. (Bulgaria)
Calculation of fuel consumption in the
electric power system with a valuation
model based on linear programming
methods
ALMA ATA/ENERGY/SEM.1/R.58

Pozar H. (Yugoslavia)
A mathematical model for determining the
optimum energy structures
ALMA ATA/ENERGY/SEM.1/R.51 1973

Pozar H., Bodlovic P.
Leistungsreserve in Waermekraftwerken
eines Verbundsystems
Elektrizitaetswirtschaft Jg. 72 Heft 9
1973

Pozar H., Udovicic B.
Die installierte Leistung eines
Wasserkraftwerks als Funktion seiner
Kennwerte und der Entwicklung des
Verbundsystems
OeZE Jg. 26 Heft 9 1973

Pozar H., Zdovicic B., Aleric S.
(Yugoslavia)
Effects of the capacity and of the
availability factor of generator sets in
nuclear power stations on the operating
conditions of the electric power system
MAD/EP/SEM.1/R.2 1973

Rabar F., Ligeti P., Foeldvary G.
(Hungary)
A model for simulated decision making in
the Hungarian energy economy
ALMA ATA/ENERGY/SEM.1/R.20 1973

Radler S.
Optimierung des Stauzieles
OeZE Jg. 26 Heft 7 1973

Raiffa H.
Einfuehrung in die Entscheidungstheorie
scientia nova
R. Oldenbourg Verlag Muenchen Wien 1973

Reddington J. W. (United States of
America)
Model building and public policy
formulation in energy
ALMA ATA/ENERGY/SEM.1/R.8 1973

Reissenberger K.
Der Schwellbetrieb der Ennskette
OeZE Jg. 26 Heft 7 1973

Richter, Teufelsbauer
Oekonomische Anwendungen der
Input-Output-Analyse in Oesterreich
Vortrag in der Gesellschaft fuer
Statistik und Informatik 1973

Roehler E., Schloesser J., Tegen W.,
Thurnher K.
1160-MWe-Kernkraftwerkprojekt mit
Hochtemperaturreaktor
Brown Boveri Mitteilungen Bd. 60 Heft 9
1973

Rubin M. A., Voronin A. V., Makarov A.
A., Vigdorchik A. G. Nekrasov A. S.,
Stanevichyus I. A. (USSR)
System of models for optimizing the
development of the energy economy at the
national, regional and sectorial levels
ALMA ATA/ENERGY/SEM.1/R.47

Sahin S., Yayalar O. (Turkey)
Change anticipated in generation pattern
by the introduction of nuclear plants
into the Turkish grid
MAD/EP/SEM.1/R.22 1973

Samuelson P. A.
Economics
McGraw-Hill Kogakusha Tokyo 1973

Sartaev T. S., Chokin S. C. (USSR)
Dynamic factors in models of the fuel
and energy balance
AIMA ATA/ENERGY/SEM.1/R.54 1973

Schneeweisz W.
Zuverlaessigkeitstheorie
Springer-Verlag Berlin Heidelberg New
York 1973

Schneider H. K.
Die Geldentwertung als Problem der EVU's
Elektrizitaetswirtschaft Jg. 72 Heft 16
1973

Schueller K.-H., Peter F.
Thermische Kraftwerke zur Deckung von
Spitzen- und Mittellast
ETZ-A Bd. 94 Heft 3 1973

Schult E.
Probleme bei der Anwendung der
Kapitalwertmethode zur Beurteilung der
Wirtschaftlichkeit alternativer
Kraftwerkstypen
OeZE Jg. 26 Heft 9 1973

Seicht G.
Investitionsentscheidungen richtig
treffen
Industrieverlag Peter Linde Wien 1973

Smith D. I. (United Kingdom)
Possible implications of high nuclear
planting on UK power system regulation
MAD/EP/SEM.1/R.11 1973

Spang A.
Umweltfreundliche Energieerzeugung durch
Kernkraftwerke
Technische Rundschau Jg. 65 Nr. 49 1973

Spann R. M. (United States of America)
Econometric modelling and energy supply
AIMA ATA/ENERGY/SEM.1/R.10

Statens Vattenfallsverk, Stockholm
Proceedings of the Symposium on the
Long-term Prospects of the Electric
Power Supply Situation, Stockholm 1972,
Bd. 1 und 2
Statens Vattenfallsverk Stockholm 1973

Steinbauer E.
Planungs- und Betriebsoptimierung in der
Elektrizitaetswirtschaft mit Hilfe von
Rechenanlagen
OeZE Jg. 26 Heft 6 1973

Stelakatos C. C., Tsomlexoglou J.,
Xynopoulos J. (Greece)
Improvement in frequency regulation by
using steam accumulator
MAD/EP/SEM.1/R.12 1973

Stoy B.
Sinnvolle Elektrizitaetsanwendung -
weshalb, wo und wie ?
Elektrizitaetswirtschaft Jg. 72 Heft 15
1973

Tarkan O. (Turkey)
A global investment model in electricity
supply industry
AIMA ATA/ENERGY/SEM.1/R.38 1973

Tennessee Valley Authority
A Quality Environment in the Tennessee
Valley
Tennessee Valley Authority Knoxville
1973

The National Coal Board, Operational
Research Executive (United Kingdom)
The optimal matching of run-of-mine
output from collieries to market
requirements
AIMA ATA/ENERGY/SEM.1/R.32 1973

Torra A., Vinas O. (Spain)
Impact of the nuclear power station at
Vandellos on the electric power system
MAD/EP/SEM.1/R.15 1973

Troescher H.
Entwicklung von technisch-oekonomischen
Modellen fuer die Ausbauplanung
Elektrizitaetswirtschaft Jg. 72 Heft 15
1973

UNIPEDE
The study of load curves in electricity
supply economics
Manual of theory and practical procedure
UNIPEDE 1973

US National Science Foundation, Energy
Research Unit Queen Mary College, London
Energy Modelling
Special Energy Policy Publication
October 1973

VDI
Voraussetzungen und
Anwendungsschwerpunkte von
Zuverlaessigkeitsanalysen
etz-b Bd. 25 Heft 21 1973

Verleger, Jorgenson, Houthakker (United
States of America)
An econometric analysis of the
relationship between macro economic
activity and US energy consumption
AIMA ATA/ENERGY/SEM.1/R.13 1973

Weise G.
Entwicklung und Aufgabenstellung des
Rechenzentrums im Institut fuer
Energetik, Leipzig
Energietechnik Jg. 23 Heft 9 1973

Whitting I. J. (United Kingdom)
The role and application of model
building in the British gas industry
AIMA ATA/ENERGY/SEM.1/R.36 1973

Wiesinger A.
Finanzierungsprobleme in der
Oesterreichischen
Elektrizitaetswirtschaft
OeZE Jg. 26 Heft 3 1973

Wigley K. J. (United Kingdom)
Models for the energy sector in relation
to national economic models
AIMA ATA/ENERGY/SEM.1/R.29 1973

Winkler R. L.
A Bayesian Approach to Nonstationary
Processes
IIASA Research Report (RR-73-8) 1973

Winkler R. L.
Risk and Energy Systems: Deterministic
versus Probabilistic Models
IIASA Research Memorandum (RM-73-2) 1973

Wissenschaftlich-Technische Gesellschaft
fuer Energiewirtschaft in der Kammer der
Technik
20 Jahre Institut fuer Energietechnik
Energietechnik Jg. 23 Heft 9 1973

Zakharin A. G. (USSR)
Mathematical simulation in projections
relating to new electric power
technology
AIMA ATA/ENERGY/SEM.1/R.46 1973

Zoutendijk G.
Some Recent Developments in Nonlinear
Programming
V. IFIP-Conference on Optimization
Techniques Rom 1973

Agarwal S. K., Nagrath I. J.
Optimal scheduling of hydrothermal
systems
Proceedings IEE vol. 119 No. 2 1972

aiv-Institut, Darmstadt
Energiebedarfsprognose vom Rechner
ETZ-A Bd. 24 Heft 10 1972

Andersen D., Tarkan O.
Optimum Development of the Electric
Power Sector in Turkey - A Case Study
Using Linear Programming
Economic Staff Working Paper No. 126
International Bank for Reconstruction
and Development, International
Development Association 1972

Andersen D., Tarkan O.
Optimum Development of the Electric
Power Sector in Turkey - A Case Study
Using Linear Programming
Economic Staff Working Paper No. 126A
International Bank for Reconstruction
and Development, International
Development Association 1972

Angelini A. M.
The Italian electric power system and
its evolution
STO/SYMP/EP/D.7 1972

Askerlund R.
The consumption of electricity in the
Nordic countries 1960-1985
STO/SYMP/EP/A.6 1972

Baburin B. L., Kudoyarov L. I. (USSR)
Economics of pumped-storage electric
power stations
ATH/SYMP/EP/B.20 1972

Bauer H.
Planung und Betrieb der Netze
ETZ-A Bd. 93 Heft 11 1972

Benko I., Balazs P., Szabo E. (Hungary)
Reactive power and voltage conditions on
400 and 220 kV transmission systems
STO/SYMP/EP/E.2 1972

Berglund T., Norlin L. (Sweden)
The development of the power production
in Sweden during the next fifteen years
STO/SYMP/EP/D.8 1972

Beschinsky A. A., Kogan Y. M. (USSR)
Development of electrification and
structural changes in electric power
consumption in the USSR (forecasting
results and experience)
STO/SYMP/EP/A.13 1972

Biedermann R. (Switzerland)
Pumped storage schemes: present position
and future trends in Switzerland
ATH/SYMP/EP/A.8 1972

Biernacki T., Biedrzycki M. (Poland)
Experience in the operation of pumping
plants in the Polish electric power
system
ATH/SYMP/EP/B.14 1972

Bieselt R.
Wirtschaftlich optimaler Zubau und
Einsatz von Kraftwerken in
Nordrhein-Westfalen innerhalb eines
mittelfristigen Planungszeitraumes von
etwa 10 Jahren
Institut fuer elektrische Anlagen und
Energiewirtschaft der
Rheinisch-Westfaelischen Technischen
Hochaschule Aachen 1972

Borodyanski E. Z., Volkenai I. M.,
Volkova E. A. (USSR)
Choice of electric power station
structure for covering the variable part
of the daily load curve
ATH/SYMP/EP/A.17 1972

Breton A., Falgarone P.
Application de la theorie de la commande
optimale au probleme du choix des
equipments de production a Electricite
de France
Fourth Power Systems Computation
Conference Grenoble 1972

Cassapoglou C. B. (Greece)
A method for the economic scheduling for
integrating pumped-storage
hydro-electric plants into a power
system
ATH/SYMP/EP/B.12 1972

Chiantore G. (Italy)
Evolution of the characteristics of
ENEL's standardized steam power stations
STO/SYMP/EP/C.7 1972

Comment
Trends in hydro economics
Water Power June 1972

Comte R. (Switzerland)
The Grotzen type power station
ATH/SYMP/EP/B.16 1972

Cousin W., (Switzerland)
Integration of a pump-turbine plant into
the power system of French Switzerland
ATH/SYMP/EP/B.8 1972

Cuenod M. (Switzerland)
Role of pumped-storage stations in
improving economy, output and
reliability in interconnected
electricity networks
ATH/SYMP/EP/B.10 1972

da Cruz Filipe R. (Portugal)
Advisability of nuclear energy. Analysis
as regards the electric power production
system
STO/SYMP/EP/D.2 1972

Deguchi H. (Japan)
Economic integration of pumped-storage
schemes in electric power systems
ATH/SYMP/EP/B.18 1972

Dillon l., Muck N.
Status Report Programm Expan
RWE-Projektgruppe
Kraftwerksausbauplanung 1972

Dilloway A. J. (United Kingdom)
Economic activity and electric power
requirements in the next decade
STO/SYMP/EP/A.5 1972

Dilloway A. J. (United Kingdom)
Regional prospects for pure
pumped-storage hydro-electric schemes in
Europe
ATH/SYMP/EP/A.7 1972

Dittrich K.
Programmierte Projektierung von
Energieanlagen
ETZ-A Bd. 24 Heft 18 1972

Ehlert-Knudsen J. (Denmark)
General Report: Development of power
production in different countries
STO/SYMP/EP/D.1 1972

Engel C., Heinemann W. R. (Federal
Republic of Germany)
The development of electricity
generation in the Federal Republic of
Germany up to 1985 with regard to future
determinants and the long range
availability of fuels
STO/SYMP/EP/D.10 1972

Economic Commission for Europe,
Secretariat
A Comparitive Study of Some National
Energy Models
ST/ECE/Energy/13 1972

Economic Commission for Europe,
Secretariat
Application of econometric models to
forecasting electric power demand in
Europe
STO/SYMP/EP/A.9 1972

Economic Commission for Europe,
Secretariat
Consideration of International Factors
in National Models
ENERGY/Mod.Build. Working Paper No. 4
1972

Economic Commission for Europe,
Secretariat
Preparation of the Symposium on
Mathematical and Econometric Models in
the Energy Sectors
ENERGY/Mod.Build. Working Paper No. 5
1972

Filipowicz J., Kopecki K. (Poland)
Methods of forecasting electric power
consumption in Poland
STO/SYMP/EP/A.4 1972

Fiszer W. (Poland)
Economic effects of various types of
power stations in Poland
STO/SYMP/EP/C.5 1972

Freira Rola Pereira J.
Present state of and future trends in
development of pumped-storage schemes
with or without natural flow
ATH/SYMP/EP/A.16 1972

Frohnholzer J. (Federal Republic of
Germany)
Utilization of pumped-storage plants for
supplying the Federal Republic of
Germany with electricity
ATH/SYMP/EP/A.10 1972

Futo I. (Hungary)
Development of energy consumption in
Hungary
STO/SYMP/EP/A.7 1972

Gasparovic N.
Einheitenleistung der Gasturbinen
Elektrizitaetswirtschaft Jg. 71 Heft 12
1972

Gerard P., Fradet A., Morin M.-H.
(France)
Preliminary general conclusions
concerning the economic advantages of
transferring energy from off-peak hours
to peak hours by means of pumping,
arrived at in the instance of the French
production system with a mathematical
operation-simulating model
ATH/SYMP/EP/B.5 1972

Gerlach T., Lundgren C.-E. (Denmark)
Low-cost thermal power plants
STO/SYMP/EP/C.3 1972

Goldsmith K. (Switzerland)
The role of pumped-storage in the
operation of interconnected power
systems
ATH/SYMP/EP/B.3 1972

Goldsmith K., Luder H. A.
Die Rolle der Atomkraftwerke in einem
Netz mit hydraulischer
Elektrizitaetserzeugung
Erfahrungen und Aussichten in der
Schweiz
Bull.SEV Jg. 63 Heft 7 1972

Goldsmith K., Luder H. A. (Switzerland)
The influence of hydro-power on
international energy exchanges with
Switzerland
STO/SYMP/EP/D.9 1972

Gora S. (Poland)
Technical and economic aspects of
pumped-storage plant integration into
power system
ATH/SYMP/EP/B.15 1972

Gordon G.
Systemsimulation
R. Oldenbourg Verlag Muenchen Wien 1972

Granstroem R. (Nordel)
Network planning in the Nordic countries
STO/SYMP/EP/E.6 1972

Gruetter F., Hartmann O. (Switzerland)
Improvement of power system reliability
through pumped-storage plants
ATH/SYMP/EP/B.17 1972

Guenther J. (Federal Republic of
Germany)
Weekly storage as a current trend in the
design of storage plants
ATH/SYMP/EP/A.12 1972

Gull F. P. (Italy)
European pumped-storage plants
ATH/SYMP/EP/A.4 1972

Gustafsson E. (Finland)
Forecasting electricity consumption by
consumer groups in a middle-sized town
STO/SYMP/EP/A.2 1972

Halzl J., Kovats I. (Hungary)
The role of heat and power stations in
the Hungarian power system
STO/SYMP/EP/C.4 1972

Handschin E.
Real-Time Control of Electric Power
Systems
Elsevier Publishing Company Amsterdam
London New York 1972

Hannervall L. (Sweden)
General Report: Development of load
curves pattern
STO/SYMP/EP/B.1 1972

Hansen R.
Optimized Generation Expansion Pattern
by Means of a Discret Step Method
Nordsjaellands Elektrisitets og Sparvejs
Aktieselskab Hellerup 1972

Harhammer G.
Betriebssimulation von Dampfkraftwerken
zur Ermittlung minimaler
Brennstoffkosten
E und M Jg. 89 Heft 5 1972

Hawkes G. F. (United Kingdom)
Recent development in methods for the
economic selection of Central
Electricity Generating Board generating
plants
STO/SYMP/EP/D.6 1972

Hofmann A., Lezenik B., Lottes G.
(Federal Republic of Germany)
The structure of future power generating
and transmission systems in the Federal
Republic of Germany up to the year 1985
STO/SYMP/EP/D.5 1972

Janiczek R. (Poland)
Interrelation between the equipment of a
steam power station, its role in the
power supply system and its location
STO/SYMP/EP/C.6 1972

Jovanovic B. (Yugoslavia)
Present situation and future trends in
the construction of hydro-electric
pumped-storage schemes in the Serbian
regional electric power system
ATH/SYMP/EP/A.5 1972

Kaiser R., Gottschalk G.
Tests zur Beurteilung von Meszdaten
Hochschultaschenbuecher Bd. 774
Bibliographisches Institut Mannheim Wien
Zuerich 1972

Kandolf H.
Die Auswirkung der Kostenstruktur auf
die Kostenstabilitaet moderner
Hochdruckanlagen am Beispiel der
Zemmkraftwerke
OeZE Jg. 25 Heft 10 1972

Keskinen R., Haavisto H., Kilpelainen J.
E. (Finland)
Subsurface power plants - A study on
pumped-storage and gas turbine
subsurface plants
ATH/SYMP/EP/B.7 1972

Kerenyi O., Ronkay F., Bendes T.
(Hungary)
Co-operation of a small system with a
neighbouring large integrated system
without requiring parallel operation
STO/SYMP/EP/E.5 1972

Kislov K. P., Khainson Y. I. (USSR)
Long-term development of power
production in the USSR
STO/SYMP/EP/D.11 1972

Kizewski P. (Poland)
Factors influencing the development of
transmission networks in Poland
STO/SYMP/EP/E.4 1972

Klima J., Jiresova A. (Czechoslovakia)
Evaluation of power for planned
hydro-electric pumped-storage schemes
ATH/SYMP/EP/B.4 1972

Kloess K. Ch., Rittstieg G. (Federal
Republic of Germany)
Consumption of primary energy for
electric power generation in the Federal
Republic of Germany. Forecasts up to
1985
STO/SYMP/EP/A.12 1972

Knight U. G.
Power Systems Engineering and
Mathematics
Pergamon Press Oxford New York Toronto
1972

Kovacs F., Szendy K., Tersztyanszky T.
(Hungary)
Development of high voltage transmission
network of small power systems
considering the interconnections with
other systems
STO/SYMP/EP/E.5 1972

Kroms A.
Die Elektrizitaetsversorgung in Kanada
Technische Rundschau Jg. 64 Nr. 42 1972

Kuenstle K., Lezenik B.
Umweltschutz und Stromerzeugung in
Waermekraftwerken
Technische Rundschau Jg. 64 Nr. 15 1972

Laczai Szabo T., Ocsai M., Peto J.
(Hungary)
Some topical problems connected with the
long-term development of Hungary's power
system
STO/SYMP/EP/D.4 1972

Larsson Y. B. (Sweden)
General Report: Development of main
techno-economical characteristics for
different types of new power plants
STO/SYMP/EP/C.1 1972

Lawton F. L., Bacave P., Braunstein O.
(Greece)
Some practical aspects of pumped-storage
in Greece
ATH/SYMP/EP/A.18 1972

Lenc I. (Czechoslovakia)
Optimization of national programmes for
development of electric power systems in
the light of the possibilities and
economic advantages of international
electric power exchanges
STO/SYMP/EP/D.5 1972

Lenssen G. (Federal Republic of Germany)
Some general and special trends in
pumped-storage development
ATH/SYMP/EP/A.6 1972

Lyalik C. N. (USSR)
Development of load curves pattern in
USSR energy systems
STO/SYMP/EP/B.6 1972

Manni R. (Italy)
Growth of electricity consumption and
power demand in Italy up to 1990
STO/SYMP/EP/A.8 1972

Marcu B., Donos A. (Romania)
Some features of the load curve of large
electricity consumers supplied by the
Romanian power system
STO/SYMP/EP/B.5 1972

Mejon F. (Spain)
Prospects for hydro-electric power
production in Spain
STO/SYMP/EP/C.2 1972

Meystre P., Ringoud P., Loth P.
(Switzerland)
Some cases in which the profitability of
hydro-electric schemes has been
increased through the addition of a
turbine-pumping operation
ATH/SYMP/EP/B.19 1972

Mosonyi E. (Federal Republic of Germany)
Survey of trends in pumped-storage
development
ATH/SYMP/EP/A.3 1972

Musil L.
Allgemeine Energiewirtschaftslehre
Springer-Verlag Wien New York 1972

Myers C. L. (United Kingdom)
The development of space and water
heating load in the South of Scotland to
control load patterns
STO/SYMP/EP/B.2 1972

Nassikas J. N. (United States of
America)
Development of pumped-storage facilities
in the United States 1972

ATH/SYMP/EP/A.15 1972

Nevanlinna L. (Finland)
General Report: Development of main
electric power transmission systems
STO/SYMP/EP/E.1 1972

Nitu V., Misu N., Cojocaru D., Vladescu
A. (Romania)
Some technical and economic features of
the use of large units in power system
plants
STO/SYMP/EP/C.8 1972

Paris L., Reggiani F., Valtorta M.
(Italy)
Evolution of transmission system in
Italy and adoption of new voltage levels
STO/SYMP/EP/E.7 1972

Patts J. E., Sigley R. M., Garver L. L.
A Method for Horizon-Year Transmission
Planning
IEEE Power Engineering Society Winter
Meeting New York City 1972

Peterson H., Goethe S. (Sweden)
An analysis of the weather influences on
electricity consumption in Sweden
STO/SYMP/EP/B.4 1972

Pfanzagl J.
Allgemeine Methodenlehre der Statistik
Bd. I
Sammlung Goeschen Bd. 5746
Verlag Walter de Gruyter Berlin New York
1972

Potecz B., Varga E. (Hungary)
Analysis of load curves from the
standpoint of changes in daily load
rates
STO/SYMP/EP/B.3 1972

Pozar H. (Yugoslavia)
Factors in analysing the effect of
installing a pumped-storage power
station on the working of an electric
power system
ATH/SYMP/EP/B.9 1972

Ract-Madoux X.
The future of French Hydro
Water Power November 1972

Robin A. (France)
Ways of ensuring reliable energy
supplies
STO/SYMP/EP/A.10 1972

Rudnitzki B., Przekwas M. (Poland)
The influence of technical and economic
tendencies on the design of
pumped-storage plants in Poland
ATH/SYMP/EP/A.13 1972

Rundschau
Energie, Mensch und Umwelt
Elektrizitaetswirtschaft Jg. 71 Heft 8
1972

Sajovic D. (Yugoslavia)
General Report: Economic integration of
pumped-storage schemes in electric power
systems
ATH/SYMP/EP/B.1 1972

Sajovic D. (Yugoslavia)
The production of pumped-storage scheme
depending on the size of its upper and
lower storage
ATH/SYMP/EP/B.2 1972

Sasson A. M., Aboytes F., Gomez F.,
Viloria F.
A Comparison of Power Systems Static
Optimization Techniques
ETZ-A Bd. 93 Heft 9 1972

Schult E.
Probleme bei der Anwendung der
Kapitalwertmethode zur Beurteilung der
Wirtschaftlichkeit alternativer
Kraftwerkstypen
Schweizerische Bauzeitung Jg. 90 Heft 9
1972

Schwefelberg A., Graniceanu M., Cosin E.
(Romania)
Some considerations on the long-term
rate of growth of electric power
consumption
STO/SYMP/EP/A.11 1972

Sommer R.
Statistische Verfahren in der
Elektrizitaetswirtschaft
Oesterreichische Gesellschaft fuer
Statistik und Informatik 1972

Soom E.
Varianzanalyse, Regressionsanalyse und
Korrelationsrechnung
Blaue TR-Reihe Heft 102
Verlag Technische Rundschau im Hallwag
Verlag Bern Stuttgart 1972

Screenivasan C. S.
Water power for production in
interconnected systems
Water Power July 1972

Steinbauer E.
Das wirtschaftliche Optimum in der
Elektrizitaetswirtschaft
E und M Jg. 89 Heft 1 1972

Stenickova D. (Czechoslovakia)
Long-term prognosis of electricity
consumption in relation to the social
and economic development of
Czechoslovakia
STO/SYMP/EP/A.3 1972

Stimmer H., Schuh E.
Stoerungs- und Schadensstatistik
1966-1970
Verband der Elektrizitaetswerke
Oesterreichs 1972

Stroemme R. (Norway)
General Report: Development of
electricity consumption in different
countries
STO/SYMP/EP/A.1 1972

Therianos A. (Greece)
General Report: Present state and future
trends in the development of
pumped-storage schemes with or without
natural flow
ATH/SYMP/EP/A.1 1972

Therianos A. D., Sarropoulos C. (Greece)
Prospects of pumped-storage in Greece
ATH/SYMP/EP/A.19 1972

UNIPEDE
International manual on medium and
long-term electricity consumption
forecasting methods
UNIPEDE 1972

Vahl H.
Integrierte Planung (Integrated Survey)
Die Darstellung und ein Versuch der
Wertung dieses Planungsverfahrens
Wasserwirtschaft Jg. 62 Heft 3 1972

Velz C. J. (United States of America)
Environmental impacts, detrimental and
beneficial of pumped-storage dual
power-water systems
ATH/SYMP/EP/A.2 1972

Vercon M., Djordjevic B., Opricovic S.
(Yugoslavia)
Optimum running of an integrated
electric-plant and water-conservancy
system which includes hydro-electric
pumped-storage schemes
ATH/SYMP/EP/B.6 1972

Vuskovic I. (Yugoslavia)
Optimum hydraulic characteristics of
reversible pump-turbines with respect to
operational safety especially under
transient conditions
ATH/SYMP/EP/B.11 1972

Warnock J. G., Willet D. C. (Canada)
Pumped-storage underground
ATH/SYMP/EP/A.11 1972

Wolfkowitz J. E.
Einplanung der Leistungsreserven in den
amerikanischen Verbundnetzen mit Hilfe
der Wahrscheinlichkeitsrechnung
Archiv fuer Energiewirtschaft Heft 6
1972

Yampolski S. M., Yakusha G. B., Klimenko
G. A., Steselboim Y. A. (Ukrainian SSR)
Long-term regional forecasting of
electric power requirements (on the
Ukrainian SSR model)
STO/SYMP/EP/A.14 1972

Yoshida M. (Japan)
The present situation and future trends
in the development of pumped-storage
schemes in Japan
ATH/SYMP/EP/A.14 1972

Ayres R. U.
Prognose und langfristige Planung in der
Technik
Carl Hanser Verlag Muenchen 1971

Bericht des Referats
Elektrizitaetswirtschaft im
Bundesministerium fuer Wirtschaft und
Finanzen
Die Elektrizitaetswirtschaft in der
Bundesrepublik Deutschland im Jahre 1970
Elektrizitaetswirtschaft Jg. 70 Heft 16
1971

Billinton R., Singh Ch.
Generating Capacity Reliability
Evaluation in Interconnected Systems
Using a Frequency and Duration Approach
Part I: Mathematical Analysis
Part II: Systems Applications
IEEE Transactions on Power Apparatus and
Systems vol. PAS-90 1971

Blank K.
Abhaengigkeit des
Spitzenleistungsbedarfs von der
Lufttemperatur in der Schweiz
Bull.SEV Jg. 62 Heft 21 1971

Booth R. R. (State Electricity
Commission of Victoria, Australia)
Optimal Generation Planning Considering
Uncertainty
PICA Conference Boston 1971

Booth R. R. (State Electricity
Commission of Victoria, Australia)
Power System Simulation Model Based on
Probability Analysis
PICA Conference Boston 1971

Churchman W. C.
Einfuehrung in die Systemanalyse
Verlag Moderne Industrie Muenchen 1971

Dammer F., Haschka H., Schild H. G.
Ein Wochenfahrplan fuer den
hydrothermischen Verbundbetrieb
E und M Jg. 88 Heft 8 1971

Dutt J.
Rauchgasentschwefelungsanlagen
Brennstoff-Waerme-Kraft Jg. 23 Nr. 8
1971

Dworatschek S.
Management-Informations-Systeme
Verlag Walter de Gruyter Berlin New York
1971

Economic Commission for Europe,
Secretariat
Towards International Models
ENERGY/Mod.Build Working Paper No. 3
1971

Erbacher W.
Die Entwicklung des Verbrauchs
elektrischer Energie in Oesterreich im
Jahrzehnt 1971 bis 1981 unter besonderer
Beruecksichtigung der Aufgaben des
Verbundkonzerns
OeZE Jg. 24 Heft 6 1971

Feller W.
An Introduction to Probability Theory
and Its Applications Volume II
John Wiley & Sons New York London 1971

Frank. W.
Mathematische Modelle und
Optimierungsverfahren
OePZ Seminar Simulation und Optimierung
in der Elektrizitaetswirtschaft 1971

Garlet M.
Mission a Ljubljana (Yougoslavie) aupres
de l'Elektroinstitut Milana Vidmarja
Expose sur les Principaux Modeles du
Service des Etudes Economiques Generales
Electricite de France, Etudes Economique
Generales 1971

Garver L. L.
Electricity Utility Expansion Planning
International IEEE Conference on
Systems, Networks and Computers Mexico
1971

Genser R.
Die Behandlung von
Zuverlaessigkeitsproblemen
OePZ Seminar Simulation und Optimierung
in der Elektrizitaetswirtschaft 1971

Gnugesser E.
Wirtschaftsstruktur und Energiebedarf
Brennstoff-Waerme-Kraft Jg. 23 Nr. 8
1971

Gruetter E.
Elektrische Energieversorgungssysteme,
Vorstudien und Planung
Technische Rundschau Jg. 63 Nr. 52 1971

Haas P.
Lineare Programmierung
OePZ Seminar Simulation und Optimierung
in der Elektrizitaetswirtschaft 1971

Harhammer P. G.
Betriebssimulation von Dampfkraftwerken
zur Ermittlung minimaler
Brennstoffkosten
OePZ Seminar Simulation und Optimierung
in der Elektrizitaetswirtschaft 1971

Hoertner H.
Zuverlaessigkeit als Optimierungsaufgabe
Atomwirtschaft Oktober 1971

Huerlimann W.
Exakte Hilfsmittel der
Unternehmensfuehrung
Blaue TR-Reihe Heft 99
Verlag Technische Rundschau im Hallwag
Verlag Bern Stuttgart 1971

Janin R.
Die Wahl der Investierungsprogramme bei
Electricite de France
Die franzoesischen Tage der
Elektrizitaet in Wien 1971

Kafka P.
Zuverlaessigkeitsanalyse an komplexen
Systemen und Kernenergieanlagen
Atomwirtschaft Oktober 1971

Knecht O.
Risikoberechnung bei Kernkraftwerken
Bull.SEV Jg. 62 Heft 26 1971

Kreuzberg J.
Belastungsdiagramme und ihre
Entwicklungstendenzen
Elektrizitaetswirtschaft Jg. 70 Heft 25
1971

Kroms A.
Die Weltproduktion der elektrischen
Energie
Technische Rundschau Jg. 63 Nr. 52 1971

Kroms A.
Tagesprobleme der amerikanischen
Energieversorgung
Bull.SEV Jg. 62 Heft 21 1971

Lienhard H.
Die Methode der fortlaufenden
exponentiellen Ausgleichung zur
Gewinnung kurzfristiger Prognosewerte
Elektrizitaetsverwertung Jg. 46 Nr. 6
1971

Maasz A.
Analyse und kurzfristige Prognose der
elektrischen Arbeit und Leistung in
einem Regionalunternehmen
Elektrizitaetswirtschaft Jg. 70 Heft 18
1971

Meyer M., Steinmann H.
Planungsmodelle fuer die
Grundstoffindustrie
Physica-Verlag Wuerzburg Wien 1971

Nentwich A., Pulides P.
Das erste oesterreichische Kernkraftwerk
E und M Jg. 88 Heft 9 1971

Nordel Operating Committee
Operating Co-operation Within Nordel
NORDEL Report 1971

Pack L., Pauli B., Meyer P., Steinecke
V.
Verfahren zur Optimierung des Einsatzes
von Kraftwerksanlagen
AKOR Gesellschaft fuer Operations
Research in Wirtschaft und Verwaltung
Frankfurt 1971

Punitzer P.
Die Problemstellung der Optimierung im
Verbundbetrieb
OePZ Seminar Simulation und Optimierung
in der Elektrizitaetswirtschaft 1971

Schuhmann J.
Grundzuege der mikrooekonomischen
Theorie
Heidelberger Taschenbuecher Bd. 92
Springer-Verlag Berlin Heidelberg New
York 1971

Schulte G.
Probleme der Bewertung
stoerungsverursacht ausgefallener
Energielieferungen
Elektriziteatswirtschaft Jg. 70 Heft 23
1971

Schulte R.
Tagesfragen der Elektrizitaetswirtschaft
Elektrizitaetswirtschaft Jg. 70 Heft 13
1971

Schweiger M.
Einfuehrung in die dynamische
Programmierung
OePZ Seminar Simulation und Optimierung
in der Elektrizitaetswirtschaft 1971

Schwinger R. G.
Luft- und Wasserverunreinigung durch die
Energieerzeugung - ihr Umfang und ihre
Bekaempfung
Energie Jg. 23 Nr. 1 1971

Steiner H.
Grundlagen, Moeglichkeiten und Grenzen
der Zukunftsforschung fuer die
Wirtschaft
OeZE Jg. 24 Heft 11 1971

Stermann L. S., Ozeran T. I.
Berechnung der Reserveleistung im
Verbund bei der Wahl der optimalen
Leistungen einzelner Kraftbloecke
Archiv fuer Energiewirtschaft Heft 21
1971

Stoll A.
Kalkuliertes Risiko bei der
Kraftwerksplanung
Elektrizitaetswirtschaft Jg. 70 Heft 18
1971

Theilsiefje K.
Optimierungsverfahren
OePZ Seminar Simulation und Optimierung
in der Elektrizitaetswirtschaft 1971

Tolle H.
Optimierungsverfahren fuer
Variationsaufgaben mit gewoehnlichen
Differentialgleichungen als
Nebenbedingungen
Springer-Verlag Berlin Heidelberg New
York 1971

United Nations
Long-term Planning
The Seventh Meeting of Senior Economic
Advisers to ECE Governments
United Nations Publication E/ECE/780 New
York 1971

Vischer D., Bohun V.
Die Beurteilung von Projekten an Hand
der Nutzen-Kosten-Analyse
Schweizerische Bauzeitung Jg. 89 Heft 52
1971

Wallis W. A., Roberts H. V.
Methoden der Statistik
RoRoRo Bd. 6091
Rowohlt Taschenbuch Verlag Reinbek bei
Hamburg 1971

Wanner F.
Wachstums-Prognosen im Kreuzfeuer der
Kritik
Bull.SEV Jg. 62 Heft 22 1971

Zimmermann H.-J.
Netzplantechnik
Sammlung Goeschen Bd. 4011
Verlag Walter de Gruyter Berlin New York
1971

Zwicky F.
Entdecken, Erfinden, Forschen
Droemer Knaur Bd. 264
Droemersche Verlagsanstalt Th. Knaur
Nachf. Muenchen Zuerich 1971

Abadie J.
Application of the GRG Algorithm to
Optimal Control Problems
in: Integer and Non-linear Programming
North-Holland Publishing Company
Amsterdam London 1970

Alt H.
Entwicklungstendenzen der Sicherheit und
der notwendigen Reserveleistung bei
Verbundbetrieb der Kraftwerke
Elektrizitaetswirtschaft Jg. 69 Heft 25
1970

Angelov M., Lazarov K., Petkov L.,
Bakhnev B., Genurova M., Donkova M.
(Bulgaria)
Computer determination and planning of
the optimal long-term operating regime
of a cascade of hydro-electric power
stations taking into account the
probable river flow
VAR/SYMP/EP/B.6 1970

Ayoub K. A., Guy J. D., Patton A. D.
Evaluation and Comparison of Some
Methods for Calculating Generating
System Reliability
IEEE Transactions on Power Apparatus and
Systems, vol. PAS-89 no. 4 1970

Becker A. M.
Operations Research
Ein Hilfsmittel zum Planen,
Rationalisieren und Optimieren im
Betrieb
Technische Rundschau Jg. 62 Nr. 40 1970

Beckmann G.
Development and construction of a
complex system of models for the
production and long-term, medium-term
and short-term planning of large
electric power systems
VAR/SYMP/EP/A.13 1970

Benko I., Hadik Z., Szendy K.,
Terztanszky T. (Hungary)
A comparative study of 400 and 220 kV
transmission development for a given
system
VAR/SYMP/EP/A.12 1970

Billinton R.
Power System Reliability Evaluation
Gordon and Breach, Science Publishers
New York London Paris 1970

Blaskov G. (Bulgaria)
General Report: Application of
operational research methods in planning
large electric power systems
VAR/SYMP/EP/A.1 1970

Blaskov G. (Bulgaria)
Determination of optimum emergency
reserve capacity by electronic computer
VAR/SYMP/EP/A.14 1970

Bojarski W. W. (Poland)
Criteria for the economic evaluation of
the development programme for the
national power system taking into
account international interconnections
and reliability of supply
VAR/SYMP/EP/A.22 1970

Bokay B., Racz L. (Hungary)
Calculation of minimum reactive power in
optimizing the operation of an energy
system
VAR/SYMP/EP/B.3 1970

Bradescu M. (Romania)
Methodology of reliability calculations
in an energy system
VAR/SYMP/EP/B.14 1970

Caille M. P. (France)
Definition and calculation of a
marginal-cost tariff in an uncertain
future
VAR/SYMP/EP/A.6 1970

Calbiac J., Penel M., Pioger Y.
Etudes sur la consommation d'energie
electrique appliquees aux previsions de
puissance
E.d.F. Bulletin de la Direction des
Etudes et Recherches - Serie B
Reseaux Electriques, Materiels
Electriques No. 2 1970

Christiaanse W. R.
A New Technique for Reliability
Calculations
IEEE Transactions on Power Apparatus and
Systems, vol. PAS-89 no. 8 1970

Commission Financement Energie (France)
Modele de Financement de l'Energie:
Finer
Note Methodologique No. 2
Modele de Prevision de la Demande
d'Energie
Commission Financement Energie 1970

Daniel G. (Hungary)
Some aspects of the optimization of
electric power systems
VAR/SYMP/EP/A.10 1970

Erbacher W.
Die Auswirkung der Einbindung eines
Kernkraftwerks bzw. eines
Groszkraftwerks auf den Ausbau des
Verbundnetzes und der groszen
Verteilungsnetze
OeZE Jg. 23 Heft 10 1970

Filpowicz J., Siemlanowski H. (Poland)
Methods of statistical synthesis for
forecasting the demand of energy
VAR/SYMP/EP/A.17 1970

Franz K. D.
Das territoriale
Zwei-Ebenen-Modellsystem fuer die
Planung der Energiewirtschaft
Energietechnik Jg. 20 Heft 6 1970

Freiberger R. (Czechoslovakia)
Simulation of the long-term development
of an electric power complex. Basic
problems and some experiences
VAR/SYMP/EP/A.11 1970

Frydrychowski R. (Poland)
A method for preliminary selection of
the location and composition of
aggregates for planning the power
structure of an electric power system
VAR/SYMP/EP/A.19 1970

Futo I., Lenard S., Varga E. (Hungary)
Probability analysis of long-term
electricity demand
VAR/SYMP/EP/A.2 1970

Garver L. L.
Reserve Planning Using Outage
Probabilities and Load Uncertainties
IEEE Transactions on Power Apparatus and
Systems, vol. PAS-89 no. 4 1970

Garver L. L.
Transmission Network Estimation Using
Linear Programming
IEEE Transactions on Power Apparatus and
Systems, vol. PAS-89 no. 7 1970

General Electric Company
Single-Area Generation Expansion Program
Users Manual
Electric Utility Engineering
General Electric Company Schenectady,
New York 1970

Grossi C., Manni R., Marciani E. (Italy)
Probability forecast of electric power
demand and determination of the
reliability of an independent or
interconnected electric power system by
Markovian processes
VAR/SYMP/EP/A.21 1970

Hansen J. R..
Optimized generation expansion pattern
by means of a discrete step method
VAR/SYMP/EP/A.7 1970

Harhammer P. G.
Stand und Tendenzen der
Datenverarbeitung in der
Energiewirtschaft
E und M Jg. 87 Heft 10, 11 1970

Heertje A.
Grundbegriffe der Volkswirtschaftslehre
Heidelberger Taschenbuecher Bd. 78
Springer-Verlag Berlin Heidelberg New
York 1970

Heising Ch. R., Ringlee R. J.
Prediction of Reliability and
Availability of HVDC Valve and HVDC
Terminal
IEEE Transactions on Power Apparatus and
Systems, vol. PAS-89 no. 4 1970.

Henault P. H., Eastvedt R. B.
Power System Long-term Planning in the
Presence of Uncertainty
IEEE Transactions on Power Apparatus and
Systems, vol. PAS-89 no. 1 1970

Hennings C.
Zur Verfuegbarkeit von
Kernenergieanlagen
Bull.SEV Jg. 61 Heft 14 1970

Hibbey L. (Hungary)
The EXOR operation and the practical use
of it
VAR/SYMP/EP/A.5 1970

Jacobson D. H., Mayne D. Q.
Differential Dynamic Programming
Elsevier Publishing Company Amsterdam
London New York 1970

Janiczek R. (Poland)
Optimization of annual maintenance
schedules for power generating units in
a national power system
VAR/SYMP/EP/A.15 1970

Jungk R.
Technologie der Zukunft
Heidelberger Taschenbuecher Bd. 75
Springer-Verlag Berlin Heidelberg New
York 1970

Kaltenbach J.-C., Peschon J., Gehrig E.
H.
A Mathematical Optimization Technique
for the Expansion of Electric Power
Transmission System
IEEE Transactions on Power Apparatus and
Systems, vol. PAS-89 no.1 1970

Kaufmann A.
Zuverlaessigkeit in der Technik
R. Oldenbourg Verlag Muenchen Wien 1970

Klima J., Jiresova A. (Czechoslovakia)
The criterion of economic efficiency for
selecting the structure of a developing
power system
VAR/SYMP/EP/A.4 1970

Kozik Z. (Poland)
Determination of capacity reserve in an
electric power system
VAR/SYMP/EP/A.16 1970

Kroms A.
Die Elektrizitaetswirtschaft der USA
Bull.SEV Jg. 61 Heft 26 1970

Lienhard H.
Zur Problematik von Energieprognosen
Elektrizitaetsverwertung Jg. 45 Nr. 1
1970

Luder H. A., Goldsmith K.
Hydraulische Speicheranlagen im
westeuropaeischen Verbundbetrieb
Bull.SEV Jg. 61 Heft 19 1970

Lyalik G. N., Pankratov B. K. (USSR)
Determination of consumption regimes for
power systems
VAR/SYMP/EP/B.9 1970

Lyalik G. N., Volkov G. A., Trusova L.
A. (USSR)
Determination of optimum reserve
capacity in a mixed power system taking
account of the probability
characteristics of the variability of
electric power generation at
hydro-electric power plant
VAR/SYMP/EP/B.11 1970

Markowich I. M., Khainson I. (USSR)
Optimizing the development of power
systems
VAR/SYMP/EP/B.12 1970

Markovich I. M., Volkov G. A., Trusova
L. A. (USSR)
Determining the optimal reserve capacity
of an electric power system
VAR/SYMP/EP/B.10 1970

Mastilovic V., Petrovic R. (Yugoslavia)
A heuristic approach to the question of
economic optimization of combined
hydro-thermal power systems
VAR/SYMP/EP/B.16 1970

Merlin A., Martin P. (France)
Method of daily load distribution in a
mixed thermal-hydraulic generating
system
VAR/SYMP/EP/B.4 1970

Ministere de l'Economie et des Finances,
Direction de la Prevision (France)
Modele de Financement de l'Energie:
FINER
Note Methodologique No. 4
Mode de Prevision des Comptes
d'Electricite de France
Ministere de l'Economie et des Finances
1970

Moore P. G., Hodges S. D.
Programming for Optimal Decisions
Penguin Modern Management Readings
Penguin Books Harmondsworth, Middlesex
1970

Nemeti I. (Hungary)
Hierarchic partition of large-scale
systems and its application for power
system study
VAR/SYMP/EP/A.9 1970

Niehage G., Becker G., Bauer H.,
Theilsiefje K., Wagner H.
Planungsrechnung zur Optimierung von
Groesze, Art und Zeitpunkt des Baues
neuer Kraftwerkseinheiten
CIGRE-Bericht Nr. 32-03 1970

Nierade
Spezielles Netzplanverfahren fuer die
Abbauplanung
Vortrag vor der Arbeitsgruppe
Netzplantechnik des
Steinkohlenbergbauvereins 16. Sitzung
1970

Nissen H. H.
Bestimmung der notwendigen installierten
Leistung
Elektrizitaetswirtschaft Jg. 69 Heft 20
1970

Nitu V., Groza L., Manolescu G.,
Bordelanu N., Goldenberg C., Sevastru A.
(Romania)
Organisation of studies in planning the
Romanian power system
VAR/SYMP/EP/A.23 1970

Palla I., Partl Q. (Czechoslovakia)
The usage of dynamic programming for the
optimum design and operating regime of
hydro olootrio powor plants
VAR/SYMP/EP/B.5 1970

Petcu M. (Romania)
The schematic representation of power
plant operation in linear programming
models for the purpose of optimizing the
development of electric power generating
systems
VAR/SYMP/EP/A.3 1970

Petkov L. (Bulgaria)
General Report: Application of
operational research methods in
operating large electric power systems
VAR/SYMP/EP/B.1 1970

Petkov L., Dimova M., Bakhnev B.
(Bulgaria)
Optimizing daily regimes of the power
system of the People's Republic of
Bulgaria in relation to active capacity
VAR/SYMP/EP/B.7 1970

Pipa G., Oprisan G., Petrescu A. M.,
Chirculescu N. (Romania)
Some ideas on the devising of a method
for calculating the non-availability
indicators of energy units
VAR/SYMP/EP/B.15 1970

Pipa G., Oprisan G., Dragusin D.,
Petrescu A. M., Staadecker M., Ionescu
S., Chirculescu N. (Romania)
Some contributions to the preparation of
a unitary method for optimizing electric
power systems
VAR/SYMP/EP/B.24 1970

Puiseux L.
Les Methodes Utilisant des Variables
Explicatives
UNIPEDE Comite du Developpement des
Applications
Groupe de Travail: Methodes de prevision
1970

Ramamoorty M., Balgopal
Block Diagram Approach to Power System
Reliability
IEEE Transactions on Power Apparatus and
Systems, vol. PAS-89 no. 5/6 1970

Ramamoorty M., Rao Gopala J.
Economic Load Scheduling of Thermal
Power Systems Using the Penalty Function
Approach
IEEE Transactions on Power Apparatus and
Systems, vol. PAS-89 no. 8 1970

Ringlee R. J., Goode Sh. D.
On Procedures for Reliability
Evaluations of Transmission Systems
IEEE Transactions on Power Apparatus and
Systems, vol. PAS-89 no. 4 1970

Rothman A. (Romania)
Discrete dynamical programming applied
to electric network distribution
planning
VAR/SYMP/EP/A.20 1970

Saumon D. (France)
Use of an investment model and analysis
of alternative technical solutions
VAR/SYMP/EP/A.8 1970

Schild H. G.
Die Bestimmung der optimalen
Anmeldeleistung im Rahmen
oesterreichischer
Landeselektrizitaetsunternehmen
OeZE Jg. 23 Heft 3 1970

Schild H. G.
Methode zur approximativen Einpassung
eines Erzeugungsaggregates in die
Lastganglinie
Bull.SEV Jg. 61 Heft 12 1970

Soom E.
Einfuehrung in Operations Research
Blaue TR-Reihe Heft 92
Verlag Technische Rundschau im Hallwag
Verlag Bern Stuttgart 1970

Spears H. T., Hicks K. L. Lee St. T. Y.
Probability of Loss of Load for Three
Areas
IEEE Transactions on Power Apparatus and
Systems, vol. PAS-89 no. 4 1970

Stephenson H.
Unabhaengige Kraftwerke als Ergaenzung
abhaengiger Werke
Bull.SEV Jg. 61 Heft 4 1970

Szendy K.
Die optimale Planung von
Spitzenkraftwerken
Bull.SEV Jg. 61 Heft 7 1970

Tiercy J.
La repartition des pertes par
infiltration d'un bassin de retenue
entre les partenaires d'un ouvrage
hydro-electrique a accumulation
Bull.SEV Jg. 61 Heft 19 1970

Tiercy J.
L'Exploitation fictive, comptabilite
energetique des ouvrages
hydro-electriques exploites par
plusieurs societes partenaires
Bull.SEV Jg. 61 Heft 2 1970

Tiercy J.
Remarques concernant le rendement
general et le coefficient energetique
des installations hydro-electriques
Bull.SEV Jg. 61 Heft 8 1970

Turkoglu G. (Turkey)
A new study on forecasting electrical
power consumption in Turkey
VAR/SYMP/EP/A.25 1970

United Nations
Multi-Level Planning and Decision-Making
The Sixth Meeting of Senior Economic
Advisers to ECE Governments
United Nations Publication E/ECE/750 New
York 1970

Vedere E.
Untersuchung ueber die Belastung der
Verteilstationen in Funktion der
Entwicklung in den Anwendungen der
elektrischen Energie
14. Kongress der UNIPEDE
Bull.SEV Jg. 61 Heft 2 1970

Velikanov A. L., Reznikovsky A. S.
(USSR)
Optimal control of operating regimes of
hydro-electric power stations with
reservoirs of many years capacity in
expanding complex power systems
VAR/SYMP/EP/B.8 1970

Vetter H.
Zur Einfuehrung einheitlicher
Verfuegbarkeits-Begriffe
BUll.SEV Jg. 61 Heft 17 1970

Weidner H.-J.
Die Definitionen und Grundverfahren zur
Berechnung der elektrischen Belastungen
von Industriebetrieben
Bull.SEV Jg. 61 Heft 9 1970

Yayalar O. (Turkey)
An investment planning model developed
for Turkish interconnected systems
VAR/SYMP/EP/A.26 1970

Zielinski J. (Poland)
Method of direct distribution of annual
output between thermal power plants
VAR/SYMP/EP/A.18 1970

Bauer H., Theilsiefje K.
Planung optimaler Baufolgen von
konventionellen Kraftwerken und
Kernkraftwerken
Atom und Strom Jg. 15 Heft 2/3 1969

Biggerstaff B. E., Jackson Th. M.
The Markov Process as a Means of
Determining Generating-Unit State
Probabilities for Use in Spinning
Reserve Applications
IEEE Transactions on Power Apparatus and
Systems, vol. PAS-88 no. 4 1969

Boggis J. G.
Die organisierte Erforschung der
Belastungscharakteristik bei den
Abnehmern
14. Kongress der UNIPEDE
Bull.SEV Jg. 60 Heft 26 1969

Billinton R.
Composite System Reliability Evaluation
IEEE Transactions on Power Apparatus and
Systems, vol. PAS-88 no. 4 1969

Boiteux M.
Bericht der Arbeitsgruppe ueber die
Qualitaet des Betriebs bei der Erzeugung
14. Kongress der UNIPEDE
Bull.SEV Jg. 60 Heft 15 1969

Cash P. W., Scott E. C.
Die Sicherheit bei der Projektierung und
im Betrieb der europaeischen Stromnetze
Bull.SEV Jg. 60 Heft 11,12,13 1969

Cuenod M.
Die Optimierungsplanung der Deckung des
Spitzenenergiebedarfs eines elektrischen
Netzes
Bull.SEV Jg. 60 Heft 7 1969

Electricite de France, Direction de
l'Equipment
La Note Bleu
Revision Avril 1969

Fink L. H., Kwatny H. G., McDonald J. P.
Economic Dispatch of Generation via
Valve-Point Loading
IEEE Transactions on Power Apparatus and
Systems, vol. PAS-88 no. 6 1969

Flachsmeyer J.
Kombinatorik
VEB Deutscher Verlag der Wissenschaften
Berlin 1969

Frank W.
Mathematische Grundlagen der Optimierung
R. Oldenbourg Verlag Muenchen Wien 1969

Galloway Ch. D., Garver L. L., Ringlee
R. J., Wood A. J.
Frequency and Duration Methods for Power
System Reliability Calculations Part
III: Generator System Planning
IEEE Transactions on Power Apparatus and
Systems, vol. PAS-88 no. 8 1969

Ganglbauer A.
Ausbaumoeglichkeiten fuer
Pumpspeicherkraftwerke in der Schweiz
Bull.SEV Jg. 60 Heft 11 1969

Goerke W.
Zuverlaessigkeitsprobleme elektronischer
Schaltungen
Hochschultaschenbuecher Bd. 820/820a
Bibliographisches Institut Mannheim Wien
Zuerich 1969

Goldsmith K.
The Exchange of Electrical Energy in
Western Europe
Electro-Watt Engineering Services
Zuerich 1969

Harnisch
Bergmaennische Planung mit Hilfe der
elektronischen Datenverarbeitung
Glueckauf 105 1969

Hubbard J. C.
Monitoring Electric-Load Forecasts
IEEE Transactions on Power Apparatus and
Systems, vol. PAS-88 no. 6 1969

Klaus G.
Woerterbuch der Kybernetik Bd.1
Fischer Handbuecher Bd. 1073
Fischer Buecherei Frankfurt am Main
Hamburg 1969

Klaus G.
Woerterbuch der Kybernetik Bd. 2
Fischer Handbuecher Bd. 1074
Fischer Buecherei Frankfurt am Main
Hamburg 1969

Lottes G.
Pumpspeicherkraftwerke in der kuenftigen
Elektrizitaetswirtschaft
Bull.SEV Jg. 60 Heft 6 1969

Luder H. A., Wahl J.
Der Einflusz der Vergroeszerung der
Leistung thermischer und nuklearer
Einheiten auf den internationalen
Energieaustausch in Westeuropa
Bull.SEV Jg. 60 Heft 15 1969

Nemhauser G. L.
Einfuehrung in die Praxis der
dynamischen Programmierung
R. Oldenbourg Verlag Muenchen Wien 1969

Neumann K.
Dynamische Optimierung
Hochschulskripten Bd. 714/714a
Bibliographisches Institut Mannheim Wien
Zuerich 1969

Oplatka G.
Wirtschaftlicher Ausbau eines
Energieversorgungsnetzes
Brown Boveri Mitteilungen Bd. 56 Heft 4
1969

Ossmann W. R., Woodley N. H., Craft R.
C., Miller R. H.
Substation Expansion, Reliability and
Transformer Loading Policy Analysis
IEEE Transactions on Power Apparatus and
Systems, vol. PAS-88 no. 8 1969

Rindt L. J.
Economic Scheduling of Generation for
Planning Studies
IEEE Winter Power Meeting New York 1969

Ringlee R. J., Wood A. J.
Frequency and Duration Methods for Power
System Reliability Calculation Part II:
Demand Model and Capacity Reserve Model
IEEE Transactions on Power Apparatus and
Systems, vol. PAS-88 no. 4 1969

Rothschild K. W.
Wirtschaftsprognose, Methoden und
Probleme
Heidelberger Taschenbuecher Bd. 62
Springer-Verlag Berlin Heidelberg New
York 1969

Schild H.G.
Elemente eines Modells des
Elektrizitaetsversorgungsunternehmens
OeZE Jg. 22 Heft 11 1969

Stanton K. N.
Reliabilty Analysis for Power System
Applications
IEEE Transactions on Power Apparatus and
Systems, vol. PAS-88 no. 4 1969

Steenbuck, Dombrowe
Netzplantechnik als Hilfsmittel der
Abbauplanung groszer
Steinkohlenbergwerke
Glueckauf 105 1969

Steiner H., Schulz E.
Prognosemethoden und ihre Bewaehrung in
der Praxis
ECE-Symposium Bukarest 1968
OeZE Jg. 22 Heft 2 1969

Sverak J.
A Probability Simulation Method for
Determining the Reliability of Switching
Stations
IEEE Transactions on Power Apparatus and
Systems, vol. PAS-88 no. 11 1969

Veazey M. C., Ringlee R. J., Wood A. J.
Frequency and Duration Methods for Power
System Reliability Calculation Part IV:
Models for Multiple Boiler-Turbines and
for Partial Outage States
IEEE Transactions on Power Apparatus and
Systems, vol. PAS-88 no. 8 1969

Velsen, Kaulfusz
Bergtechnische Planung mit Hilfe der
Netzwerktechnik
Glueckauf 105 1969

Wagner H.
Planung optimaler Kraftwerksbaufolgen
EDV-Symposium Darmstadt 1969

Baumhackl H.
Die Hydrologie der mittleren Drau
OeZE Jg. 21 Heft 10 1968

Busacker, Saaty
Endliche Graphen und Netzwerke
R. Oldenbourg Verlag Muenchen Wien 1968

Denzel P.
Dampf- und Wasserkraftwerke
Hochschultaschenbuecher Bd. 300
Bibliographisches Institut Mannheim 1968

Electricite de France
Direkte Erarbeitung eines
Stromverbrauchs, der gleichzeitig
saisonbereinigt und von klimatischen
Einfluessen korrigiert ist.
Direction des Etudes et Recherches 1968

Electricite de France
Etude 500 TWh
Hypotheses de consommation proposes par
le sous-groupes 'Courbe de Charge'
Direction des Etudes et Recherches 1968

El-Abiad A. H., Jaimes F. J.
A Method for Optimum Scheduling of Power
and Voltage Magnitude
IEEE Summer Power Meeting Chicago 1968

Hall J. D., Ringlee R. J., Wood A. J.
Frequency and Duration Methods for Power
Systems Reliabilty Calculations Part I:
Generation System Model
IEEE Transactions on Power Apparatus and
Systems, vol. PAS-87 no. 9 1968

Henn R., Kuenzi H. P.
Einfuehrung in die Unternehmensforschung
Bd. I
Heidelberger Taschenbuecher Bd. 38
Springer-Verlag Berlin Heidelberg New
York 1968

Henn R., Kuenzi H. P.
Einfuehrung in die Unternehmensforschung
Bd. II
Heidelberger Taschenbuecher Bd. 39
Springer-Verlag Berlin Heidelberg New
York 1968

Knissel
Eine Groszbandanlage zum Losen eines
Unterwerksbaus
Glueckauf 104 1968

Koettnitz H., Pundt H.
Berechnung elektrischer
Energieversorgungsnetze Bd. 1-3
VEB Verlag fuer Grundstoffindustrie
Leipzig 1968

Kopshoff H., Schorr H.
Berechnung des optimalen Einsatzplanes
einer Fluszspeicherkette
OeZE Jg. 21 Heft 3 1968

Latham J. H., Dean A., Plant C.,
Voorghis J. S.
Probability Approach to Electric Utility
Load Forecasting
IEEE Transactions on Power Apparatus and
Systems, vol. PAS-87 no. 2 1968

Masse P.
Investitionskriterien
Verlag Moderne Industrie Muenchen 1968

Patton A. D.
Determination and Analysis of Data for
Reliability Studies
IEEE Transactions on Power Apparatus and
Systems, vol. PAS-87 no. 1 1968

Patton A. D., Halditch D. W.
Reliability of Generation Supply
IEEE Transactions on Power Apparatus and
Systems, vol. PAS-87 no. 9 1968

Pozar H.
Langfristige Entwicklungsplanung
elektrischer Energierzeugung durch
Iteration an die optimale
Erzeugungsstruktur
OeZE Jg. 21 Heft 4 1968

Soom E.
Monte Carlo Methoden und
Simulationstechnik
Blaue TR-Reihe Heft 82
Verlag Technische Rundschau im Hallwag
Verlag Bern Stuttgart 1968

Stephenson H.
Die Wertigkeit elektrischer Energie, ein
wesentlicher Faktor fuer die Festsetzung
der Strompreise
OeZE Jg. 21 Heft 2 1968

Theilsiefje K., Wagner H.
Digitale Berechnungsverfahren fuer
optimale Reservehaltung im
Verbundbetrieb
ETZ-A Bd. 89 Heft 17 1968

Todt
Vorteile und Grenzen der Netzplantechnik
Ausschusz fuer wirtschaftliche Fertigung
1968

Verband Schweizerischer
Elektrizitaetswerke
Vorschau auf die
Elektrizitaetsversorgung der Schweiz
1972-1980
Bull.SEV Jg. 59 Heft 15 1968

Weinberg F.
Grundlagen der
Wahrscheinlichkeitsrechnung und
Statistik sowie Anwendungen im
Operations Research
Springer-Verlag Berlin Heidelberg New
York 1968

Wiener N.
Kybernetik
RoRoRo Bd. 294/295
Rowohlt Taschenbuch Verlag Reinbek bei
Hamburg 1968

Aeschimann C.
Der Einflusz des Faktors Zeit in der
Elektrizitaetswirtschaft
Bull.SEV Jg. 58 Heft 8 1967

Bauer L., Hofstaetter A.
Der Einflusz der staendigen
Geldentwertung auf die
Konkurrenzverhaeltnisse zwischen
thermischen und hydraulischen
Kraftwerken
Oesterreichische Ingenieurzeitung Jg. 10
Heft 1 1967

Berrie W.
Economics of System Planning
Electrical Review September 1967

Billinton R., Bollinger K. E.
Transmission System Reliability
Evaluation Using Markov Processes
IEEE Summer Power Meeting Portland, Ore.
1967

Etienne E. H.
Neuorientierung der Tarifpolitik der
schwedischen Elektrizitaetswerke als
Voraussetzung fuer den Durchbruch zur
wirtschaftlich nutzbaren Kernenergie
Bull.SEV Jg. 58 Heft 18 1967

Frey G.
Die Mathematisierung unserer Welt
Urban Buecher Bd. 105
W. Kohlhammer Verlag Stuttgart Berlin
Koeln Mainz 1967

Garcia A. Leite, da Cruz Filipe R., Paes
S., Brandao de Menezes
Betrieb und Dimensionierung der
Speicherbecken in einem System mit
vorwiegend hydraulischer
Energieproduktion
Bull.SEV Jg. 58 Heft 24 1967

Georgescu A.
Der Elektrizitaetsverbund in Osteuropa
Bull.SEV Jg. 58 Heft 9 1967

Goldsmith K., Luder H. A., Wahl J.
Einige Gesichtspunkte des
internationalen Austausches elektrischer
energie in Westeuropa
Bull.SEV Jg. 58 Heft 19 1967

Kroms A.
Energiequellen der amerikanischen
Elektrizitaetswirtschaft
Bull.SEV Jg. 58 Heft 20 1967

Lienhard H.
Prognoseverfahren und deren Anwendung in
der Energiewirtschaft
Elektrizitaetsverwertung Jg. 42 Nr.
3/4,5,9 1967

MacFarlane A. G. J.
Analyse technischer Systeme
Hochschultaschenbuecher Bd. 81/81a
Bibliographisches Institut Mannheim 1967

Rubio C. M., Perez J. R.
Dimensionierung und Betrieb von
hydro-elektrischen Speicheranlagen
Bull.SEV Jg. 58 Heft 23 1967

Schatzmann W.
Graphische Ermittlung des optimalen
Betriebsprogramms zweier in Kaskade
geschalteter Wasserkraftwerke mit
Beruecksichtigung eines nachfolgenden
Kraftwerks mit kleinem Schluckvermoegen
Bull.SEV Jg. 58 Heft 21 1967

Schild H. G.
Dynamic Programming, ein auch fuer die
Energiewirtschaft brauchbares Verfahren
OeZE Jg. 20 Heft 7 1967

Schneeweisz H.
Entscheidungskriterien bei Risiko
Springer-Verlag Berlin Heidelberg New
York 1967

Soom E.
Statistische und mathematische Methoden
in der Fertigung
Blaue TR-Reihe Heft 72
Verlag Technische Rundschau im Verlag
Hallwag Bern Stuttgart 1967

United Nations
Macro-Economic Models for Planning and
Policy-Making
The Fourth Meeting of Senior Economic
Advisers to ECE Governments
United Nations Publication E/ECE/665
Geneva 1967

VDEW
Planungsrechnung in der
Elektrizitaetswirtschaft
Verlags- und Wirtschaftsgesellschaft der
Elektrizitaetswerke Frankfurt 1967

VSE
Die Elektrizitaet - Bindeglied Europas
25. Sitzung des Comite de l'Energie
Electrique de la Commission Economique
pour l'Europe des Nations Unies (CEE)
Bull.SEV Jg. 58 Heft 8 1967

Weinberger F., Hardt-Stremayr H.
Wirtschaftlichkeitsanalyse
Ein Werkzeug zur Bewertung von
Industrieprojekten
Impuls 6 1967

Ackoff R. L., Rivett P.
Industrielle Unternehmensforschung
R. Oldenbourg Verlag Muenchen Wien 1966

Bainbridge E. S., McNamee J. M.,
Robinson D. J., Nevison R. D.
Hydrothermal Dispatch with Pumped
Storage
IEEE Transactions on Power Apparatus and
Systems, vol. PAS-85 no. 5 1966

Balster
Aufschlieszung der Kohlenvorraete im
Bereich einer neuen Sohle auf einem
Verbundbergwerk sowie die Planung und
Ueberwachung der hiefuer erforderlichen
Ausrichtungsarbeiten mit Hilfe der
Netzplantechnik
Glueckauf 102 1966

Bauer H.
Planung, Betrieb und Stabilitaet der
Netze
ETZ-A Bd. 87 Heft 17 1966

Bauer L.
Die Steigerung des Bedarfs an
elektrischer Energie in Beziehung zur
gesamtwirtschaftlichen Entwicklung
OeZE Jg. 19 Heft 6 1966

Baumann R., Dommel H., Rueb W.
Power Systems Computation Conference
(PSCC)
ETZ-A Bd 87 Heft 25 1966

Collatz L., Wetterling W.
Optimierungsaufgaben
Heidelberger Taschenbuecher Bd. 15
Springer-Verlag Berlin Heidelberg New
York 1966

Dahlin E. B., Shen D. W. C.
Optimal Solution to the Hydro-Steam
Dispatch Problem for Certain Practical
Systems
IEEE Transactions on Power Apparatus and
Systems, vol. PAS-85 no. 5 1966

Dale K. M.
Dynamic Programming Approach to the
Selection and Timing of Generation-Plant
Additions
Proceedings IEE Vol. 113 no. 5 1966

Falk A. K.
The Effects of Availability Upon
Installed Reserve Requirements
IEEE Transactions on Power Apparatus and
Systems, vol. PAS-85 no. 11 1966

Galloway C. D., Ringlee R. J.
An Investigation of Pumped Storage
Scheduling
IEEE Transactions on Power Apparatus and
Systems, vol. PAS-85 no. 5 1966

Garver L. L.
Effective Load Carrying Capability of
Generating Units
IEEE Transactions on Power Apparatus and
Systems, vol. PAS-85 no. 8 1966

Hano I., Tamura Y., Narita S.
An Application of the Maximum Principle
to the Most Economical Operation of
Power Systems
IEEE Transactions on Power Apparatus and
Systems, vol. PAS-85 no. 5 1966

Hara K., Kimura M., Honda N.
A Method for Planning Economic Unit
Commitment and Maintenance of Thermal
Power Systems
IEEE Transactions on Power Apparatus and
Systems, vol. PAS-85 no. 5 1966

Heinemann G. T., Nordman D. A., Plant E.
C.
The Relationship Between Summer Weather
and Summer Loads - A Regression Analysis
IEEE Winter Power Meeting New York 1966

Hofstaetter A., Poerner F.
Der Einflusz von Anlagenausfaellen auf
die Reservehaltung bei thermischen
Kraftwerksanlagen
OeZE Jg. 19 Heft 6 1966

IEEE Committee Report
Proposed Definitions of Terms for
Reporting and Analyzing Outages of
Generating Equipment
IEEE Transactions on Power Apparatus and
Systems, vol. PAS-85 no. 4 1966

Kerr R. H., Scheidt J. L., Fontana A.
J., Wiley J. K.
Unit Commitment
IEEE Transactions on Power Apparatus and
Systems, vol. PAS-85 no. 5 1966

Leuthold H. A.
Die kuenftige Deckung des
schweizerischen Elektrizitaetsbedarfs
mit hydraulischen und thermischen
Kraftwerken
Bull.SEV Jg. 57 Heft 15 1966

Lowery P. G.
Generating Unit Commitment by Dynamic
Programming
IEEE Transactions on Power Apparatus and
Systems, vol. PAS-85 no. 5 1966

McDaniel G. H., Gabrielle A. F.
Dispatching Pumped Storage Hydro
IEEE Transactions on Power Apparatus and
Systems, vol. PAS-85 no. 5 1966

Mirani
Abbauplanung mit Hilfe der
Netzplantechnik
Seminar: Elektronische Datenverarbeitung
im Bergbau
Glueckauf 102 1966

Pozar H.
Vereinfachte Bestimmung der
veraenderlichen Kosten von
Warmekraftwerken in Verbundsystemen
OeZE Jg. 19 Heft 4 1966

Schaeff K.
Masznahmen zur Vermeidung schaedlicher
Einfluesse auf die Umgebung beim Betrieb
von thermischen Kraftwerken
Bull.SEV Jg. 57 Heft 6 1966

Schenkel G.
Die Ausfall-Dauerlinie - ein Beitrag zur
Frage der Verfuegbarkeit von
Dampfkraftwerken
Elektrizitaetswirtschaft Jg. 65 Heft 24
1966

Seidel H.
Investitionsprobleme in einer wachsenden
Wirtschaft (am Beispiel Oesterreichs)
OeZE Jg. 19 Heft 7 1966

Theilsiefje K.
Energieplanung
ETZ-A Bd. 87 Heft 11 1966

Theilsiefje K., Wagner H.
Energieplanung - Planungsmethoden fuer
den optimalen Kraftwerksausbau
ETZ-A Bd. 87 Heft 3 1966

VDEW
Wirtschaftliche Investitionsplanung in
der Elektrizitaetswirtschaft
Verlags- und Wirtschaftsgesellschaft der
Elektrizitaetswerke Frankfurt 1966

VSE
Woechentliche Verbrauchskurven des
schweizerischen Verbrauchs
Bull.SEV Jg. 57 Heft 18 1966

Wielath
Planung eines Kraftwerkes mit PERT
IBM Nachrichten 16 1966

Woehr F.
Dauerlinien fuer
elektrizitaetswirtschaftliche
Untersuchungen
Elektrizitaetswirtschaft Jg. 65 Heft 11
1966

Abadie J., Carpentier J.
Generalisation de la methode du gradient
reduit de Wolfe au cas des constraintes
non-lineaires
EDF note HR 6678 1965

Ailleret P.
Grundsaetzliches zum Bau von
Atomkraftwerken
Bull.SEV Jg. 56 Heft 21 1965

Brandenberger K.
Netzplantechnik
Eine Einfuehrung
Verlag Industrielle Organisation Zuerich
1965

Buderath J.
Preisdifferenzierung und
Preisdiskriminierung in der
Elektrizitaetswirtschaft
Technischer Verlag H. Resch Graefelfing
1965

Denzel P.
Ordnungsfragen in der
Elektrizitaetswirtschaft
Brennstoff-Waerme-Kraft Jg. 17 Nr. 1
1965

Galli R.
Die energiewirtschaftlichen Grundlagen
fuer den Einsatz von Wasserkraftanlagen
mit kuenstlicher Speicherung
Bull.SEV Jg. 56 Heft 3 1965

Hauenstein P.
Die Zuverlaessigkeit und
Betriebssicherheit elektrischer
Maschinen
Bull.SEV Jg. 56 Heft 18 1965

Hautum F.
Betrachtungen ueber Baukosten und
Wirtschaftlichkeit von
Pumpspeicherkraftwerken
Verlags- und Wirtschaftsgesellschaft der
Elektrizitaetswerke Frankfurt 1965

Jung D., Pioger G.
Etude de la Modulation saisonniere des
diagrammes de charge des jours ouvrables
en France et de l'evolution de leur
forme
UNIPEDE 1965

Miller R. W.
Zeitplanung und Kostenkontrolle durch
PERT
R. v. Deckers Verlag G. Schenk Hamburg
Berlin 1965

Shubik M.
Spieltheorie und Sozialwissenschaften
S. Fischer Verlag 1965

VSE
Ausbau der schweizerischen
Elektrizitaetsversorgung
Bull.SEV Jg. 56 Heft 10 1965

Wyss A.
Die Entwicklung der Finanzierung in der
schweizerischen Elektrizitaetswirtschaft
Bull.SEV Jg. 56 Heft 19 1965

Gaver D. P., Montmeal F. E., Patton A.
D.
Power System Reliabilty and Methods of
Calculation
IEEE Winter Power Meeting New York 1964

Szendy Ch.
Economical Tie-Line Capacity for an
Interconnected System
IEEE Winter Power Meeting New York 1964

Watchorn C. W.
A Review of Some Basic Characteristics
of Probability Methods as Related to
Power System Problems
IEEE Winter Power Meeting New York 1964

Edelmann H.
Berechnung elektrischer Verbundnetze
Mathematische Grundlagen und technische
Anwendungen
Springer-Verlag Berlin Goettingen
Heidelberg 1963

Gericke H.
Theorie der Verbaende
Hochschultaschenbuecher Bd. 38/38a
Bibliographisches Institut Mannheim 1963

Johnston E.
Econometric Methods
MacGraw Hill Book Company New York
Kogakusha Company Tokyo 1963

Pozar H.
Leistung und Energie im Verbundbetrieb
Springer-Verlag Wien 1963

Schaefer K.
Vom Entwurf zum fertigen Wasserkraftwerk
Elektrizitaetswirtschaft Jg. 62 Heft 21
1963

Schneider W.
Gesichtspunkte fuer die praktische
Durohfuehrung einer
Netzbetriebs-Optimierung
Elektrizitaetswirtschaft Jg. 62 Heft 5
1963

Schneider W.
Theoretische Grundlagen der
Betriebsoptimierung elektrischer
Versorgungsnetze
Elektrizitaetswirtschaft Jg. 62 Heft 1
1963

Todd Z. G.
A Probability Method for Transmission
and Distribution Outage Calculations
IEEE Summer General Meeting and Nuclear
Radiation Effects Conference Toronto,
Ont. 1963

Woehr F.
Wirtschaftliche Beschaffung von
Spitzenstrom
Elektrizitaetswirtschaft Jg. 62 Heft 5
1963

Algan, Roy, Simmohard
Principes d'une methode d'exploration
des certaines domaines a l'ordonnance de
la construction des grands ensembles
Centre Math. Stat. appl. 1962

Baldwin C. J., Hoffman C. H.
Results of a Two-Year Study of
Long-Range System Planning by Simulation
CIGRE Bericht 306 1962

Baumann r., Boll G., Schneider W.,
Vorbach A.
Experiences with the Use of Electronic
Computers in the Planning and Optimal
Operation of Electric Power Systems
CIGRE Bericht 309 1962

Beer St.
Kybernetik und Management
S. Fischer Verlag 1962

Concordia C., Salander S., Favez B.
System Planning and Operation
Report on the Work of Study Committee
No. 13
CIGRE Bericht 328 1962

Edelmann E.
Neue Tagesbewertungsziffern fuer den
statistischen Vergleich von Zeitreihen
des Eleektrizitaetsverbrauchs
Elektrizitaetswirtschaft Jg. 61 Heft 24
1962

Feller W.
An Introduction to Probability Theory
and Its Applications Volume I
John Wiley & Sons New York London 1962

Gaussens P., Pardignon J., Calvet, Auges
P., Mestres
Modern Methods in the Economic
Engineering Study of Networks
CIGRE Bericht 326 1962

Kromphardt W., Henn R., Foerstner K.
Lineare Entscheidungsmodelle
Springer-Verlag Berlin Goettingen
Heidelberg 1962

Kuenzi H. P., Krelle W.
Nichtlineare Programmierung
Springer-Verlag Berlin Goettingen
Heidelberg 1962

Magnien M.
Power System Planning
Special Report for Group 32
CIGRE 1962

Oplatka G.
Die Ermittlung wirtschaftlich optimaler
Kraftwerkanlagen fuer ein
Energieversorgungsnetz
Brown Boveri Mitteilungen Bd. 49 Heft
7/8 1962

Veigel G.
Kostenrechnung und Preispolitik in der
Elektrizitaetswirtschaft
Betriebswirtschaftlicher Verlag Dr. Th.
Gabler Wiesbaden 1962

Healy
Activity Subdivision and PERT
Probability Statements
Operations Research 9 1961

AIEE Committee Report
Application of Probability Methods to
Generating Capacity Problems
AIEE Fall General Meeting Chikago 1960

Baldwin C. J., Gaver D. P., Hoffman C.
H., Rose J. A.
The Use of Simulated Reserve Margins to
Determine Generator Installation Dates
AIEE Winter General Meeting New York
1960

Baldwin C. J., DeSalvo C. A., Hoffman C.
H., Plant E. C.
Load and Capacity Models for Generation
Planning by Simulation
AIEE Winter General Meeting New York
1960

Baldwin C. J., DeSalvo C. A., Limmer H.
D.
The Effect of Unit Size, Reliability and
System Service Quality in Planning
Generation Expansion
AIEE Fall General Meeting Chicago 1960

Bernholtz B., Graham L. J.
Hydrothermal Economic Scheduling Part I:
Solution by Incremental Dynamic
Programming
AIEE Summer General Meeting Atlantic
City, N.Y. 1960

Brown H. U., Dean L. A., Caprez A. R.
Forced Generation Outage Investigations
for the Northwest Power Pool
AIEE Summer General Meeting Atlantic
City, N. Y. 1960

Dandeno P. L.
Hydrothermal Economic Scheduling
-Computational Experience with
Co-ordination Equations
AIEE Fall General Meeting Chicago 1960

Smith H. B.
Principles of Economic Dispatching for
Electric Power System Operators
AIEE Summer General Meeting Atlantic
City, N. Y. 1960

Tintner G.
Handbuch der Oekonometrie
Springer-Verlag Berlin Goettingen
Heidelberg 1960

Carnap R.
Induktive Logik und Wahrscheinlichkeit
Springer-Verlag Berlin Goettingen
Heidelberg 1959

Kelley, Walker
Critical Path Planning and Scheduling
Proceedings Eastern Joint Computer
Conference 1959

Nicolas M.
Finanzmathematik
Sammlung Goeschen Bd. 81/81a
Verlag Walter de Gruyter Berlin 1959

Wolf M.
Enzyklopaedie der Energiewirtschaft
Springer-Verlag Berlin Goettingen
Heidelberg 1959

Department of Navy, Bureau of Naval
Weapons, Special Projects Office
PERT, Program Evaluation Research Task
Summary Report Phase 1
Washington 1958

Kirchmayer L.
Economic Operation of Power Systems
John Wiley & Sons New York 1958

Rittershausen H.
Wirtschaft
Das Fischer Lexikon Bd. 8
Fischer Buecherei Frankfurt 1958

Vas O.
Wirtschaftliche Gesichtspunkte fuer den
Ausbau der Wasserkraefte zur
Elektrizitaetsversorgung Oesterreichs
XII. Teiltagung der Weltkraftkonferenz
Montreal 1958

Lietzmann H., Aland K.
Zeitrechnung
Sammlung Goeschen Bd. 1085
Verlag Walter de Gruyter Berlin 1956

Nissen H. H.
Methoden der Wahrscheinlichkeitsrechnung
zur Bestimmung der Leistungsreserve und
der Ausfalldauer der Belastung in
Kraftwerken
Elektrizitaetswirtschaft Jg. 53 Heft 20
1954

Koenigshofer E.
Kurzgefaszte
Elektrizitaetswirtschaftslehre
Springer-Verlag Wien 1952

Nicht nach Jahreszahl klassifiziert:

Friebe E.
Projektplanung und -ueberwachung mit
CLASS-Netzplantechnik
IBM Deutschland Stuttgart

General Electric Company
Optimized Generation Planning
General Electric Company Electric
Utility Engineering Operation
Schenectady New York

General Electric Company
Investment Costing Program
Users Manual
General Electric Company Schenectady New
York

General Electric Company
Load Shape Modelling Program
Users Manual
General Electric Company Schenectady New
York

General Electric Company
Transmission Expansion Planning
General Electric Company Electric
Utility Engineering Operation
Schenectady New York

Goldsmith K.
Pumped Storage Development and its
Environmental Effects
Electro-Watt Engineering Services
Zuerich

Goldsmith K.
Technical and Economic Aspects of
Supplying Peak Demands in Electrical
Networks
Electro-Watt Engineering Services
Zuerich

Harhammer P. G.
Gemischt-Ganzzahlige Planungsrechnung
IBM Druckschrift

Haschka H.
Der Einsatz von Waermekraftwerksbloecken
unter Beruecksichtigung ihrer
Anfahrkosten
IBM

Hoekstra E.
Gasturbinen fuer die Grund- und
Spitzenlasten der
Stromversorgungsunternehmen
Thomassen Holland

Rambert O.
Co-ordination of Electrical Resources in
Western Europe
Elektro-Watt Engineering Services
Zuerich

Schmidthals J., Daudt W.
Investitionsplanung bei unsicheren
Erwartungen
IBM

Schneider E.
Planung und Entscheidung in Wirtschaft
und Wirtschaftswissenschaft
IBM

VDEW Arbeitskreis Statistische Methoden
Anwendung statistischer Methoden in der
Praxis der Elektrizitaetsversorgung
Verlags- und Wirtschaftsgesellschaft der
Elektrizitaetswerke Frankfurt

VDEW
Kostenrechnung der Energie- und
Wasserversorgungsunternehmen
Verlags- und Wirtschaftsgesellschaft der
Elektrizitaetswerke Frankfurt